Kamel Damak

Etude numérique des transferts dans un tube de filtration tangentielle

Kamel Damak

Etude numérique des transferts dans un tube de filtration tangentielle

Fibres creuses

Presses Académiques Francophones

Impressum / Mentions légales
Bibliografische Information der Deutschen Nationalbibliothek: Die Deutsche Nationalbibliothek verzeichnet diese Publikation in der Deutschen Nationalbibliografie; detaillierte bibliografische Daten sind im Internet über http://dnb.d-nb.de abrufbar.
Alle in diesem Buch genannten Marken und Produktnamen unterliegen warenzeichen-, marken- oder patentrechtlichem Schutz bzw. sind Warenzeichen oder eingetragene Warenzeichen der jeweiligen Inhaber. Die Wiedergabe von Marken, Produktnamen, Gebrauchsnamen, Handelsnamen, Warenbezeichnungen u.s.w. in diesem Werk berechtigt auch ohne besondere Kennzeichnung nicht zu der Annahme, dass solche Namen im Sinne der Warenzeichen- und Markenschutzgesetzgebung als frei zu betrachten wären und daher von jedermann benutzt werden dürften.

Information bibliographique publiée par la Deutsche Nationalbibliothek: La Deutsche Nationalbibliothek inscrit cette publication à la Deutsche Nationalbibliografie; des données bibliographiques détaillées sont disponibles sur internet à l'adresse http://dnb.d-nb.de.
Toutes marques et noms de produits mentionnés dans ce livre demeurent sous la protection des marques, des marques déposées et des brevets, et sont des marques ou des marques déposées de leurs détenteurs respectifs. L'utilisation des marques, noms de produits, noms communs, noms commerciaux, descriptions de produits, etc, même sans qu'ils soient mentionnés de façon particulière dans ce livre ne signifie en aucune façon que ces noms peuvent être utilisés sans restriction à l'égard de la législation pour la protection des marques et des marques déposées et pourraient donc être utilisés par quiconque.

Coverbild / Photo de couverture: www.ingimage.com

Verlag / Editeur:
Presses Académiques Francophones
ist ein Imprint der / est une marque déposée de
AV Akademikerverlag GmbH & Co. KG
Heinrich-Böcking-Str. 6-8, 66121 Saarbrücken, Deutschland / Allemagne
Email: info@presses-academiques.com

Herstellung: siehe letzte Seite /
Impression: voir la dernière page
ISBN: 978-3-8416-2013-2

Copyright / Droit d'auteur © 2013 AV Akademikerverlag GmbH & Co. KG
Alle Rechte vorbehalten. / Tous droits réservés. Saarbrücken 2013

AVANT-PROPOS

Au terme d'un travail infiniment enrichissant, je tiens à remercier Monsieur Abdel-moneim AYADI, Professeur à l'Ecole Nationale d'Ingénieurs de Sfax, à l'initiative de ce projet innovant et ambitieux, pour m'avoir proposé d'en prendre la charge, m'avoir laissé une autonomie complète, m'avoir fait confiance.

Je souhaite aussi remercier, Monsieur Belkacem ZEGHMATI, Professeur au Centre d'Etude Fondamentales-Groupe de Mécanique Acoustique et Instrumentation à l'Université de Perpignan, pour m'avoir aidé scientifiquement essentiellement durant la première partie de cet ouvrage. Je souhaite remercier également, Monsieur Philippe SCHMITZ, Professeur à INSA-GBA-LBB de l'Université de Toulouse, pour m'avoir aidé scientifiquement depuis notre merveilleuse rencontre à Toulouse.

SOMMAIRE

INTRODUCTION GENERALE

CHAPITRE I - SYNTHESE BIBLIOGRAPHIQUE

1. INTRODUCTION	5
2. FILTRATION	5
2.1. Procédés de séparation membranaire	5
2.2. Filtrations tangentielle et frontale	7
3. ETUDE HYDRODYNAMIQUE	8
3.1. Travaux expérimentaux	8
3.1.1. Les profils de vitesses en tube poreux	9
3.1.1.1. Aspiration uniforme	9
3.1.1.2. Injection uniforme	9
3.1.1.3. Aspiration non uniforme	10
3.1.2. La perte de charge en tube poreux	12
3.1.2.1. Aspiration pariétale	12
3.1.2.2. Injection pariétale	12
3.2. Modélisation Analytiques et Numériques	12
3.2.1. Vitesse de filtration uniforme en tube poreux ouvert	13
3.2.2. Vitesse de filtration uniforme en tube poreux fermé	14
3.2.3. Vitesse de filtration non uniforme en tube poreux ouvert	15
4. TRANSFERT DE MASSE	15
5. CONCLUSION	20

CHAPITRE II - FORMULATION MATHEMATIQUE GENERALE

1. INTRODUCTION	23
2. THERMODYNAMIQUE DES MILIEUX CONTINUS	23
2.1. Théorème de transport (Règle de Leibnitz)	24

  2.2. Conservation de la masse globale   24
  2.3. Conservation des espèces   26
  2.4. Conservation de la quantité de mouvement   29
 3. MILIEU POREUX   30
  3.1. Caractérisation d'un milieu poreux   31
   3.1.1. La porosité   31
   3.1.2. La perméabilité   32
   3.1.3. La tortuosité   32
   3.1.4. La surface spécifique   33
  3.2. Modélisation mathématique   33
   3.2.1. Loi de Darcy   34
   3.2.2. Loi de Hagen-Poiseuille   35
   3.2.3. Relation de Kozeny-Carman   36
 4. CONCLUSION   38

CHAPITRE III - FORMULATION MATHEMATIQUE DE L'ECOULEMENT DANS UN TUBE SOUMIS A UNE APIRATION PARIETALE
 1. INTRODUCTION   40
 2. MISE EN EQUATION DU PROBLEME   41
  2.1. Equation de transfert dans le tube   41
  2.2. Conditions aux limites   42
 3. INTRODUCTION DES PARAMETRES ADIMENSIONNELS   47
  3.1. Choix des variables adimensionnelles   47
  3.2. Equations de transferts   48
  3.3. Conditions aux limites   49
 4. CONCLUSION   51

CHAPITRE IV : RESOLUTION NUMERIQUE DES EQUATIONS DE TRANSFERT
1. INTRODUCTION 53
2. METHODE DES DIFFERENCES FINIES 53
   2.1. Approches de discrétisation 53
   2.2. Méthodes explicites et méthodes implicites 55
3. DEFINITION DU MAILLAGE 56
   3.1. Cas de l'équation de mouvement 56
   3.2. Cas de l'équation de la matière 57
4. PROCEDURE DE CALCUL 58
   4.1. Cas de l'équation du mouvement suivant z 59
   4.2. Cas de l'équation du mouvement suivant r 61
   4.3. Calcul de la pression 64
   4.4. Cas de l'équation de la matière 64
5. PRINCIPE DE LA METHODE DE RESOLUTION 66
   5.1. Séquence de calcul 66
      5.1.1. Détermination du champ hydrodynamique dans le cas d'un écoulement d'un fluide pur 67
      5.1.2. Détermination des champs hydrodynamique et de concentration dans le cas d'un fluide chargé de particules 68
   5.2. Résolution des équations 69
6. GRANDEUR CARACTERISTIQUE DANS LE CAS D'UN FLUIDE CHARGE – NOMBRE DE SHERWOOD 70
7. CONCLUSION 71

CHAPITRE V : RESULTATS ET DISCUSSION
1. INTRODUCTION 73
2. CODE DE CALCUL 73
3. TESTS SUR LE MODELE NUMERIQUE 76
   3.1. Ecoulement de Poiseuille 76
   3.2. Validation expérimentale 77
4. RESULTATS 79
   4.1. Cas d'un fluide pur - Champ Hydrodynamique 80

4.1.1. Evolution de la vitesse axiale et radiale	80
4.1.2. Evolution axiale et radiale de la perte de charge	86
4.1.3. Evolution de la vitesse de perméation	90
4.1.4. Profil de la vitesse	92
4.2. Cas d'un fluide chargé de particules	94
4.2.1. Distribution de la matière dans la membrane	94
4.2.2. Effet de la polarisation de concentration sur les profils des vitesses axiale et radiale	103
4.2.3. Nombre de Sherwood	106
4.2.4. Corrélation du nombre de Sherwood local	109
5. CONCLUSION	113
CONCLUSION GENERALE	114
NOMENCLATURES	118
REFERENCES BIBLIOGRAPHIQUES	121

INTRODUCTION GENERALE

INTRODUCTION GENERALE

Les méthodes physico-chimiques actuelles de traitement des eaux s'avèrent très coûteuses et surtout peu performantes dans des conditions complexes et hétérogènes. L'utilisation du procédé de filtration tangentielle dans le traitement des eaux usées est aujourd'hui une alternative technologique aux opérations conventionnelles de traitement des effluents.

La filtration tangentielle est utilisée afin de permettre un fonctionnement en continu du procédé. Dans cette configuration, la suspension à filtrer s'écoule tangentiellement au filtre et la séparation des phases est effectuée par dépression entre l'intérieur et l'extérieur de la conduite. La qualité du substrat est déterminée par le seuil de coupure du filtre.

Les domaines d'application de la filtration tangentielle sont nombreux et variés puisqu'ils vont de l'industrie pharmaceutique à l'agroalimentaire en passant par le traitement de l'eau. Ce dernier domaine occupe donc notre attention dans le cadre de nos travaux de recherche.

La technique de traitement des eaux par filtration tangentielle consiste à faire passer l'eau à travers un filtre qui la sépare de ses impuretés en formant une barrière entre le liquide 'propre' et les matières solides. Ce filtre est une membrane poreuse qui constitue la paroi d'un tube en matière synthétique 'céramique' d'un diamètre intérieur de l'ordre de quelque millimètre dans lequel circule le fluide à épurer.

Le développement de ce procédé réside dans l'optimisation du coût d'exploitation, directement lié aux conditions hydrodynamiques nécessaires à l'obtention d'un débit satisfaisant d'eau épurée par mètre carré de surface filtrante. Le problème majeur rencontré est le dépôt de particule irréversible, ce qu'on appelle colmatage, qui ne s'arrache pas par l'écoulement tangentiel et qui influe le débit d'eau épurée.

Dans le cadre de ce travail, nous exposons tout d'abord dans le **chapitre I** une revue bibliographique des travaux expérimentaux, analytiques et numériques traitant

INTRODUCTION GENERALE

l'hydrodynamique et le transfert de matière lors de l'écoulement d'un fluide dans un tube à paroi poreuse.

Le **chapitre II** est une présentation à la fois générale et détaillée de la formulation mathématique des transferts de quantité de mouvement et de la matière en milieu libre. Nous abordons les différents modèles d'écoulement fluide dans les milieux poreux et nous rappelons les concepts de microstructure, porosité, surface spécifique et perméabilité d'un milieu poreux.

Le **chapitre III** est consacré à la formulation mathématique de l'écoulement d'une suspension dans un tube à paroi poreuse soumis à une transpiration pariétale. Nous posons les hypothèses simplificatrices, nous formulons les équations à résoudre et les conditions aux limites adéquates ainsi que leurs formes adimensionnalisées.

Les équations aux dérivées partielles régissant les transferts sont difficiles à résoudre. Une recherche de solutions analytiques est illusoire. Nous faisons donc appel à une méthode numérique, qui s'adapte bien à la résolution de ce type de problème. Dans le **chapitre IV**, nous développons une modélisation numérique aux différences finies pour résoudre les équations de transfert gouvernant l'écoulement dans un tube soumis à une transpiration pariétale.

Le **chapitre V** présente les résultats obtenus par notre code de calcul. Afin de valider notre modèle, nous comparons nos résultats à ceux donnés par la littérature dans deux cas particuliers. Nous déterminons les profils de vitesse, de pression et de concentration dans le tube à paroi poreuse. Nous proposons alors deux corrélations, une pour l'épaisseur de la couche limite de concentration et une pour détermination du nombre local de Sherwood, en fonction des nombres adimensionnels qui caractérisent l'écoulement et la suspension à filtrée (Re Rew et Sc).

SYNTHESE BIBLIOGRAPHIQUE

CHAPITRE I

1. INTRODUCTION

Les domaines géométriques contenant des frontières poreuses sont des domaines importants en physique et présentent plusieurs applications industrielles, en particulier la filtration tangentielle. Les techniques membranaires de filtration tangentielle connaissent un réel développement industriel depuis des années et, de nos jours, ces techniques séparatives prennent une place importante en recherche et développement dans le monde entier.

Dans ce chapitre de bibliographie, nous rappelons tout d'abord les principaux types de filtrations en introduisant principalement la notion de filtration tangentielle. Nous nous attachons ensuite à présenter les travaux théoriques et expérimentaux portant sur l'étude hydrodynamique d'un fluide en écoulement dans une conduite à paroi poreuse. Nous exposons enfin les différents modèles de transfert de masse d'un fluide chargé de particules en écoulement à proximité d'une paroi poreuse.

2. FILTRATION

2.1. Procédés de séparation membranaire

Tous les procédés de filtration utilisent une membrane qui constitue une interface séparant deux milieux, à savoir le rétentat du perméat. Le rôle de la membrane est d'agir comme une barrière mince sélective. Sous l'effet d'une force de transfert, elle permet le passage ou l'arrêt de certains composants entre les deux milieux qu'elle sépare. Selon les caractéristiques de la membrane, le transfert résultera, soit de la facilité à diffuser à travers le matériau, soit de la taille des composants par rapport à celle des pores de la membrane, soit d'une interaction ionique, soit d'une combinaison de ces différents paramètres. Dans le cas de la microfiltration, de l'ultrafiltration, de la nanofiltration et de l'osmose inverse, la force de transfert est un gradient de pression appliqué de part et d'autre de la membrane. Pour la dialyse et les membranes liquides c'est un gradient de concentration ; en ce qui concerne la pervaporation et la perméation vapeur, la force agissante est un gradient d'activité combinant pression et concentration. Enfin c'est un gradient de température qui est mis en jeu pour ce qui est de la thermo-osmose et de la distillation membranaire.

La figure 1 montre les techniques membranaires de filtration tangentielle les plus utilisées, leurs seuils de séparation et aussi leurs domaines d'application.

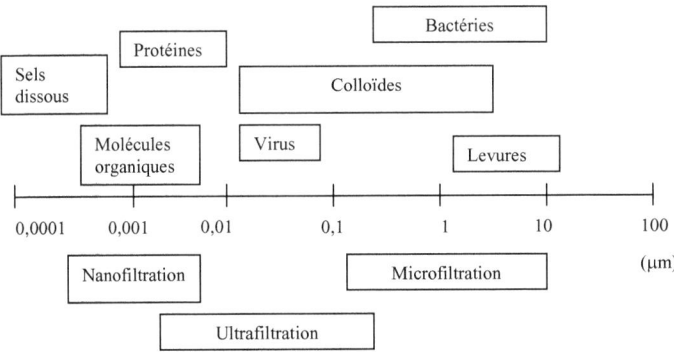

Figure 1 : Procédés de séparation sur membrane en fonction de la taille des solutés.

2.2. Filtrations tangentielle et frontale

Les techniques séparatives à membranes sont des procédés physiques de séparation qui utilisent les propriétés de tamisage moléculaire d'une membrane poreuse balayée par le liquide contenant les constituants à séparer.

Lors d'une filtration frontale, la suspension à traiter est amenée perpendiculairement au média filtrant (figure 2). Une accumulation de matières se produit formant une couche qui diminue la porosité et, par la même, le débit de filtration.

La filtration tangentielle est caractérisée par le fait que la suspension à traiter circule parallèlement à la surface membranaire à une certaine vitesse (figure 3). Cette vitesse induit une contrainte de cisaillement qui devrait permettre le contrôle du dépôt au voisinage du milieu de filtration en réentraînant les particules dans le flux en circulation.

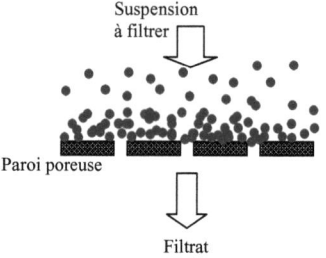

Figure 2 : Schéma du procédé de la filtration frontale.

CHAPITRE I

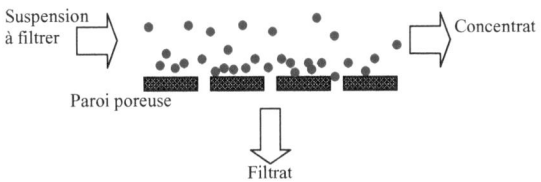

Figure 3 : Schéma du procédé de la filtration tangentielle.

3. ETUDE HYDRODYNAMIQUE

3.1. Travaux expérimentaux

Peu de travaux expérimentaux permettent à ce jour d'analyser et de modéliser l'écoulement laminaire, d'un fluide visqueux incompressible, dans un tube poreux avec transfert pariétal.

En ce qui concerne les résultats expérimentaux, relatifs à la détermination des profils de vitesse en aspiration, la littérature montre les résultats de Quaile et Levy (1972) dans le cas d'un tube poreux fermé à l'extrémité et ceux de Gouverneur (1991) pour un tube poreux ouvert. En injection, les mesures de profils de Ku et Leidenfrost (1981) et de Jain et Chen (1981) confirment les résultats de la modélisation analytique de Yuan et Finkelstein (1956).

La chute de pression longitudinale a été mesurée par de nombreux auteurs et est représentée par rapport à la référence de l'écoulement sans flux de parois (Belfort 1985 ; Quaile et Levy 1972 ; Bundy et Weissgerg 1970 ; Ku et Leidenfrost 1981 ; Gouverneur 1991).

CHAPITRE I

3.1.1. Profils de vitesses en tube poreux

3.1.1.1. Aspiration uniforme

Dans le cas de l'aspiration uniforme dans un tube fermé, Quaile et Levy (1975) ont mesuré les profils de la composante axiale de la vitesse. Pour les fortes aspirations pariétales (caractérisées par Rew>4), ces auteurs mettent en évidence une zone d'inversion de vitesse proche de la paroi quand on atteint l'extrémité fermée du tube. Cet effet se propage vers l'amont du tube lorsqu'on augmente la vitesse débitante, ils l'ont attribué à un effet de recirculation du fluide dû à la géométrie du tube bouché. Les essais ont été effectués pour différents nombres de Reynolds de perméation *Rew* variant de 0 à 12. Dans le cas du tube fermé à une extrémité, le nombre de Reynolds longitudinal *Re* est fixé et lié à *Rew* par la relation $Re = Rew\, L/R$, puisque tout le fluide qui pénètre dans le tube est évacué par la paroi.

3.1.1.2. Injection uniforme

Dans le cas de l'injection uniforme, Ku et Leidenfrost (1981) mesurent les profils de vitesses axiales par sondes de Pitot. L'analyse des profils adimensionnés met en évidence un aplatissement au centre de la conduite. Ces résultats permettent de valider le modèle numérique développé par les auteurs.

Jain et Chen (1981) ont effectué des mesures de profils de vitesse par fil chaud. Ils confirment par leurs résultats expérimentaux la modélisation analytique de Yuan et Finkelstein (1956).

Bundy et Weissberg (1970) ont mesuré l'évolution de la vitesse axiale maximale en fonction de l'injection pariétale uniforme d'air comprimé. La tendance à la diminution de la vitesse adimensionnée au centre de la conduite confirme l'aplatissement du profil adimensionné sous l'effet de l'injection uniforme.

On notera cependant que les moyens de mesures utilisés sont des sondes qui peuvent perturber l'écoulement de manière significative, et que des incertitudes sur leur position peuvent provenir du guidage à l'intérieur du tube poreux.

3.1.1.3. Aspiration non uniforme

Une approche expérimentale a été mise en oeuvre par Gouverneur (1991) afin d'acquérir des mesures de vitesse et de pression lors de l'écoulement laminaire d'un fluide newtonien dans un tube poreux avec aspiration à la paroi.

Le modèle expérimental est constitué d'un tube poreux en céramique d'un diamètre interne de 3 centimètres, l'épaisseur de la paroi est égale à 1 centimètre. Le fluide utilisé est une huile de silicone de densité voisine à celle de l'eau et de viscosité de 50 centipoises. L'écoulement laminaire est établi à l'entrée du tube poreux par l'adjonction en amont d'un long tube lisse en plexiglas, précédé d'un divergent-convergent stabilisateur (Figure 4-5).

La pression est mesurée, à l'entrée et à la sortie du tube poreux, par des capteurs de pression. La pression extérieure, supposée uniforme, est ajustable afin d'obtenir le débit de filtrat désiré qui est directement relié au nombre de Reynolds de perméation Re_w.

Le profil de vitesse axiale est mesuré en aval à travers un tube en plexiglas, à proximité immédiate du tube poreux, en utilisant un vélocimètre laser Doppler. Ce profil obtenu à l'extérieur du tube poreux reste identique à celui qui existe dans le tube poreux juste avant l'extrémité avale.

L'utilisation de tube poreux en céramique de différentes longueurs doit fournir l'évaluation spatiale de la perte de charge, du flux de filtrat, ainsi que du profil de vitesse axiale.

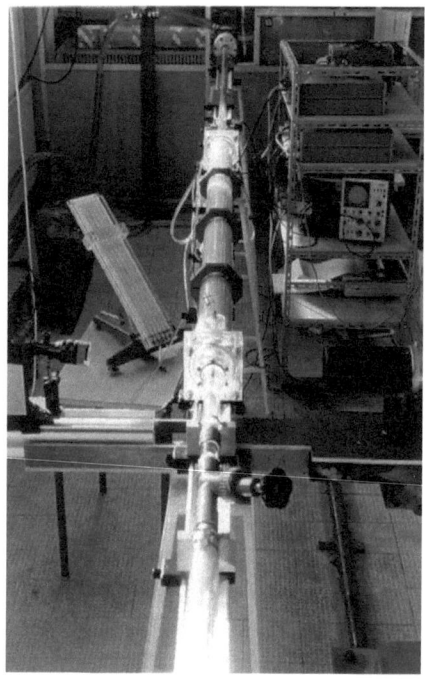

Figure 4 : Vue d'ensemble de l'installation.

Figure 5 : Détail de la cellule de mesure.
(Gouverneur 1991)

Ainsi, cette revue des expériences de mesures des profils de vitesse en tube poreux montre qu'en régime d'aspiration, seuls les résultats de Quale et Levy en tube fermé et les résultats de Gouverneur en tube ouvert font références.

3.1.2. Perte de charge en tube poreux

3.1.2.1. Aspiration pariétale

Dans le cas du tube bouché avec aspiration uniforme, Quaile et Levy (1972) mesurent l'évolution de la chute de pression avec l'aspiration. Ils mettent en évidence des gradients de pression inversés lorsque $Rew>1$. Ces résultats ont été vérifiés numériquement par les auteurs. Toutefois, ces résultats ne permettent pas d'évaluer les variations de perte de charge avec l'aspiration pour une vitesse d'entrée constante puisque, dans le cas du tube fermé, le rapport Re/Rew est fixé.

3.1.2.2. Injection pariétale

Les résultats présentés par Ku et Leidenfrost (1981) et Bundy et Weissberg (1970) montrent que le coefficient de friction augmente avec le débit d'injection ; ce coefficient est une fonction croissante de l'injection Rew de la vitesse moyenne longitudinale avec la longueur de la conduite poreuse. Ainsi, le coefficient de perte de charge, calculé par rapport à la vitesse moyenne en entrée, augmente avec la longueur.

3.2. Modélisation Analytique et Numérique

Nous présentons les principaux travaux concernant la modélisation des écoulements laminaires en tube poreux avec aspiration pariétale.

Deux catégories distinctes de modélisations analytiques du problème ont été développées. La première consiste à effectuer l'hypothèse simplificatrice d'affinité des profils de vitesse axiale : c'est l'hypothèse de l'écoulement pleinement développé. La deuxième, ne présuppose pas la forme du profil : il s'agit du problème de l'écoulement en développement, de type zone d'entrée avec perte de flux à la paroi.

3.2.1. Vitesse de filtration uniforme en tube poreux ouvert

-*Modèles analytiques basés sur la similarité des profils*
Brady (1984) met en évidence les domaines d'existence des solutions affines en fonction du nombre de Reynolds transversal *Re*, basé sur la vitesse de filtration uniforme. L'hypothèse d'affinité des profils de vitesses axiales permet de résoudre le système d'équations de Navier Stockes. Les solutions sont multiples dans les intervalles $0 < Rew < 2.3$ et $Rew > 9.1$.

Yuan et Finkelstein (1956) effectuent un développement analytique basé sur la méthode des perturbations en supposant une vitesse de filtration uniforme le long du tube et *Re* comme paramètre.

Berman (1953) (en bidimensionnel), Chatterjee et Belfort (1986) (en géométrie annulaire) utilisent la même méthode afin de déterminer une solution analytique simple grâce à un développement asymptotique au premier ordre en Re.

La méthode de Berman est détaillée par Schmitz (1990) et Bernada (1990) dans le cas d'une conduite poreuse cylindrique.

La conséquence de l'hypothèse d'affinité des profils est que la pression est uniforme au premier ordre sur une section du tube poreux.

-Modèles analytiques d'écoulement en développement

Weissberg (1959) résout les équations de Navier-Stokes en terme de fonction courant, afin de calculer le champ hydrodynamique de l'écoulement en développement dans un tube poreux avec vitesse de filtration uniforme (le profil parabolique de Poiseuille étant établi à l'entrée). Il retrouve les mêmes résultats que Yuan et Finkelstein (1956). Dans le développement complet des équations du mouvement, il pose l'approximation de grands nombres de Reynolds afin de négliger les termes en Re^{-2} et Re^{-4}.

3.2.2. Vitesse de filtration uniforme en tube poreux fermé

Quaile et Levy (1975) cherchent une solution au problème posé en fonction courant sous forme d'une série de polynômes. La validation expérimentale des résultats numériques permet d'effectuer une comparaison entre les modèles de type zone d'entrée et les modélisations basées sur la similarité des profils de vitesses.

Raithby et Knudsen (1974) ont étudié le développement hydrodynamique entre deux plaques poreuses, ils utilisent une méthode aux différences finies pour résoudre les équations de Navier-Stokes en fonction courant. Ces auteurs confirment les conclusions de Quaile et Levy en montrant que le développement de l'écoulement dépend des conditions d'entrée

Schmitz (1990) a développé un modèle numérique aux éléments finis de résolution des équations de Navier-Stokes en tube poreux fermé à une extrémité avec évacuation totale du flux par la paroi. Les résultats caractérisant le champ hydrodynamique sont validés par l'expérience de Quaile et Levy (1972).

3.2.3. Vitesse de filtration non uniforme en tube poreux ouvert

Nassehi (1998) a développé un modèle numérique aux éléments finis de résolution des équations de Navier-Stokes pour un écoulement laminaire d'un fluide non-newtonien dans un tube poreux ouvert soumis à une aspiration à la paroi. Ce modèle considère que le fluide est dépourvu de particules, ce qui ne permet pas d'étudier le comportement réel d'un processus de filtration tangentielle.

4. TRANSFERT DE MASSE

Dans le procédé de la filtration tangentielle la suspension circule parallèlement au milieu poreux. Il a été développé afin d'éviter le dépôt des particules qui se produit habituellement en filtration frontale, pour mettre à profit la présence de la vitesse de cisaillement (vitesse parallèle au milieu poreux). Malheureusement, on observe toujours une décroissance temporelle du flux à travers la paroi poreuse. Celle ci traduit la baisse de la perméabilité du milieu provoquée par l'accumulation de particules prés de la paroi. Ces particules sont soumises à deux flux antagoniste ; un flux convectif vers la paroi poreuse et un flux diffusionnel généré par l'apparition d'un gradient de concentration et qui se traduit par un transport en sens inverse à celui du flux convectif (Bhattacharya et Hwang 1997, Ripperger et Altmann 2002, Richardson et Nassehi 2003). A l'équilibre entre ces deux mécanismes de transfert de masse provoque le phénomène de polarisation de concentration (figure 4). Le problème majeur dans ce cas est la diminution de la vitesse de perméation Vw.

CHAPITRE I

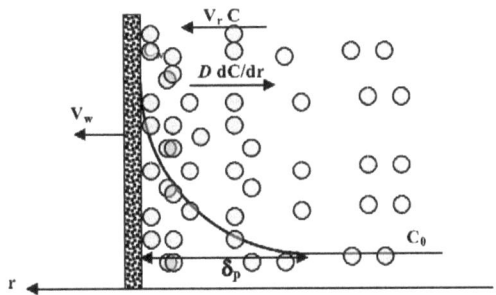

Figure 4: Phénomène de polarisation de concentration.

La détermination des champs de vitesse et de pression dans la conduite à paroi poreuse pour un fluide pur ne permet pas d'analyser les phénomènes réels qui se produisent à proximité de la paroi poreuse pour un procédé de filtration tangentielle. Il est donc nécessaire, pour se rapprocher du contexte réel du processus, de coupler l'analyse du champ hydrodynamique au champ de concentration dans le cas d'un fluide chargé de particules.

Actuellement il n'y a pas de model universel applicable pour prédire le champ de vitesse et la distribution de la concentration d'un fluide en écoulement dans une conduite comprenant une paroi poreuse.

Il y a deux approches théoriques pour calculer la vitesse de dépôt de particule sur la paroi perméable d'une suspension faiblement chargée. Ces deux approches sont appelées approche de Lagrange et approche d' Euler (Song et Elimelech 1995). La description Lagrangienne consiste à analyser la trajectoire, d'une seule particule, qui résulte de la seconde loi de

CHAPITRE I

Newton ; cette méthode est généralement connue avec le nom 'Trajectory analysis'. Ce classique 'trajectory analysis' ne tient pas compte du mouvement aléatoire des particules et par conséquent cette méthode est applicable pour des particules non Browniennes. Par contre la méthode Eulerienne décrit la distribution des particules dans l'espace et dans le temps, elle est basée sur la résolution de l'équation différentielle de convection-diffusion. Contrairement à la méthode Lagrangienne, le problème de la diffusion Brownienne n'existe pas dans la description Eulerienne (Song et Elimelech 1995).

L'analyse de l'écoulement d'un fluide chargé de particules, dans une conduite présentant une paroi poreuse, a déjà donné lieu à de nombreux travaux. Parmi l'ensemble des études publiées, celles qui nous ont paru les plus intéressantes parce qu'elles sont les plus proches du problème que nous traitons, sont les suivantes.

Lee et Clark (1997) ont résolu l'équation bidimensionnelle de convection – diffusion entre deux plaques parallèles perméables, dans un système d'axe cartésien, par une méthode aux différences finies. Pour cette modélisation, les auteurs n'ont pas cherché le profil de vitesse mais ils ont utilisé les résultats de la modélisation analytique de Berman (1953). La résistance hydraulique de la couche de polarisation est déterminée à partir de la relation de Carmen-Kozeny. Ils ont déterminé l'influence du coefficient de diffusion, de vitesse de perméation, de vitesse axiale sur le profil de la concentration dans le canal. En particulier, ils ont déterminé l'influence de la taille des particules sur la vitesse de perméation et sur le coefficient de diffusion.

Miranda et Campos (2001) ont résolu l'équation de transfert de masse en 2-D couplé aux équations de Navier-Stocks dans une forme modifiée, pour un écoulement laminaire dans un canal à parois poreuses, par une méthode aux différences finies. Les auteurs ont montré que le fort gradient de concentration à proximité de la paroi poreuse nécessite l'utilisation d'un maillage très raffiné dans cette région. Les résultats obtenus étaient influencés par le nombre de nœuds du maillage utilisé. Pour éviter ce problème ils ont proposé de résoudre l'équation différentielle de la convection-diffusion qui à comme variable le logarithme de la concentration. Cette méthode a permis aux auteurs d'éviter l'erreur numérique qui provient du fort gradient de concentration dans la couche de polarisation de concentration, puisqu'ils ont montré que les résultats deviennent indépendants du nombre de nœuds du maillage. Plus récemment, Miranda et Campos (2002) ont étudié l'écoulement d'un fluide chargé de particules au voisinage de deux systèmes différents, l'un formé d'une plaque perméable et l'autre formé d'une plaque imperméable. A partir de la théorie du film, les auteurs ont écrit les équations mathématiques qui s'applique à chacun des deux systèmes considérés. (Figure5). Les résultats ont montré l'inégalité des nombres de 'Sherwood local' des deux systèmes étudiés et que la déviation de ces nombres peut atteindre 300%.

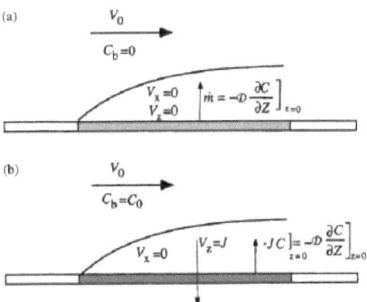

Figure 5 : Théorie du film appliqué à ; (a) système imperméable (b) système perméable, (Miranda et Campos 2002).

Geraldes et all (2001) ont développé un modèle numérique en volumes finis permettant de calculer les champs de vitesses et de concentration d'une suspension en écoulement laminaire entre deux plaques dont l'une est poreuse. Ce modèle est une représentation simplifiée de l'écoulement dans un module spiral. Au sein des modules spiraux, une membrane plane est enroulée sur elle-même autour d'un tube qui recueille le perméat. La polarisation de concentration peut être traitée en terme d'épaisseur de la couche limite de concentration. Cette étude a montré que l'épaisseur de la couche limite de concentration est fonction du nombre de Reynolds de l'écoulement, du nombre de Schmidt et aussi du nombre de Reynolds de perméation. Une corrélation exprimant l'épaisseur de cette couche en fonction des nombres sans dimension a été proposée. Plus récemment Geraldes et all (2002) ont déterminé une corrélation de la couche hydrodynamique et une corrélation pour le nombre de Stanton de perméation en fonction des nombres sans dimension qui caractérise l'écoulement laminaire entre deux plaques dont l'une est poreuse.

Un modèle basé sur la résolution de l'équation de diffusion - convection dans un tube à paroi poreuse, par une méthode aux différences finies, a été proposé par Paris et all (2001). L'hypothèse simplificatrice dans ce modèle consiste à considérer que le profil de champs de vitesse axiale est celui de Poiseuille. Un maillage très raffiné prés de la paroi perméable a été utilisé par contre dans le reste du domaine numérique, où le gradient de la concentration n'est pas important, le maillage est grossier. Les auteurs ont discuté essentiellement la variation de la vitesse de perméation en fonction de la dépression appliquée de part et d'autre de la paroi poreuse (pression taransmembranaire) pour des conditions opératoires différentes.

5. CONCLUSION

La revue bibliographique, concernant les travaux expérimentaux, analytiques et numériques traitant de l'hydrodynamique en tube poreux avec transfert pariétal, a permis de constater qu'à l'heure actuelle les travaux de Quaile et Levy constituent l'unique référence expérimentale traitant de l'hydrodynamique dans un tube fermé avec aspiration pariétale et que les travaux de Gouverneur constituent l'unique référence expérimentale permettant de caractériser les profils de vitesse dans un tube poreux avec aspiration pariétale. Les travaux de Gouverneur doivent permettre de valider le code numérique développé.

A la suite de la revue bibliographique concernant le transfert de masse dans une conduite contenant une frontière poreuse, il apparaît clairement que le problème de l'écoulement laminaire dans un tube à paroi poreuse dans un système d'axe cylindrique est rarement étudié et en plus le modèle qui existe (Paris 2001) ne s'intéresse pas au calcul du champ de vitesse dans le tube.

L'objectif de notre travail est de déterminer deux modèles. Le premier vise à calculer le champ hydrodynamique dans le cas le l'écoulement laminaire d'un fluide pur dans un tube à paroi poreuse. Quant au second, il permet de calculer le champ hydrodynamique et le champ de concentration dans le cas le l'écoulement laminaire d'un fluide chargé de particule dans un tube à paroi poreuse.

Pour atteindre le but fixé, nous développons donc un modèle bidimensionnel aux différences finies s'appuyant sur l'équation de convection diffusion-convection de la matière et les équations de Navier-Stocks couplés à l'équation de Darcy. Dans le chapitre suivant, nous introduisons les formulations mathématique et physique de ces équations.

FORMULATION MATHEMATIQUE GENERALE

CHAPITRE II

1. INTRODUCTION

Dans ce chapitre introductif, nous rappelons tout d'abord les équations fondamentales de la mécanique des fluides et en particulier les équations de Navier-Stocks pour un fluide Newtonien et pour un écoulement laminaire. Nous nous attachons ensuite à présenter l'équation de diffusion-convection de la matière. Nous introduisons par la suite la définition de la porosité, de la perméabilité d'un milieu poreux et ses principales caractéristiques. Nous exposons enfin les modèles de circulation des fluides en milieu poreux et les relations entre microstructure et perméabilité.

2. THERMODYNAMIQUE DES MILIEUX CONTINUS

La thermodynamique des milieux continus, au même titre que la mécanique des milieux continus, est une branche importante de la mécanique des fluides car elle permet d'aborder l'étude des propriétés locales des écoulements en tenant compte du transfert de chaleur, de la diffusion et des réactions chimiques. Sous réserve de l'hypothèse d'équilibre local, elle conduit à des équations de bilan qui traduisent l'évolution de la vitesse et des concentrations du système.

Différentes méthodes peuvent être utilisées pour obtenir les équations fondamentales de la mécanique des fluides. Nous suivrons ici l'approche sous forme locale considérant un volume de contrôle matériel et nous analyserons la variation dans le temps de la masse, de la quantité de mouvement et de l'énergie contenue dans ce volume suivi dans son mouvement. Une autre méthode souvent utilisée est de considérer un volume de contrôle élémentaire fixe et d'exprimer, pour cet élément, les flux entrants et les flux sortants par les facettes ainsi que la variation instationnaire dans le pavé de la propriété dont on souhaite établir le bilan, en système ouvert.

2.1. Théorème de transport (Règle de Leibnitz)

Considérons un volume matériel Ω limité par la surface Σ ne contenant pas de discontinuité. Soit f une fonction définie sur Ω désignant une grandeur intensive, le taux de variation de l'intégrale de f sur le volume Ω est donné par :

$$\frac{d}{dt}\int_\Omega f\, d\Omega = \int_\Omega \frac{\partial f}{\partial t}\, d\Omega + \int_\Sigma f\, V.n\, d\Sigma \qquad (1)$$

où V désigne la vitesse locale de la surface de contrôle et n la normale extérieure.

On peut aussi transformer le dernier terme en intégrale de volume en utilisant le théorème de Green – Ostrogorski :

$$\int_\Sigma f\, V.n\, d\Sigma = \int_\Omega \nabla.(f\, V)\, d\Omega \qquad (2)$$

Le théorème de transport devient :

$$\frac{d}{dt}\int_\Omega f\, d\Omega = \int_\Omega \left[\frac{\partial f}{\partial t} + \nabla.(f\, V)\right] d\Omega \qquad (3)$$

2.2. Conservation de la masse globale

La masse contenue dans le volume Ω, où ρ désigne la masse volumique locale, est donnée par :

$$m = \int_\Omega \rho\, d\Omega \qquad (4)$$

Lorsque le volume matériel ne contient ni sources ni puits, la masse qui se trouve dans Ω est constante. On peut donc écrire, lorsqu'on suit le domaine fluide Ω dans son mouvement :

$$\frac{dm}{dt} = 0 \qquad (5)$$

En appliquant à cette équation le théorème de transport (3) avec $f \equiv \rho$, on obtient une intégrale de volume. Comme le volume d'intégration Ω est arbitraire, l'intégrale doit être identiquement nulle, on obtient alors l'équation locale de conservation de la masse, encore appelée équation de continuité :

$$\frac{\partial \rho}{\partial t} + \nabla .(\rho V) = 0 \text{ ou encore } \frac{d\rho}{dt} + \rho \nabla . V = 0 \qquad (6)$$

Une simplification importante est obtenue en considérant que le fluide est incompressible, ce qui est une bonne approximation pour la plupart des liquides. L'incompressibilité signifie que la densité de chaque particule fluide reste constante le long de sa trajectoire, c'est à dire que $\frac{d\rho}{dt} = 0$.

L'équation de continuité (4) devient alors, pour un fluide incompressible :

$$\nabla . V = 0 \qquad (7)$$

CHAPITRE II

THEOREME DE REYNOLDS

Une conséquence importante de ce résultat consiste à associer le théorème de transport (1) avec l'équation de continuité (6) dans le cas d'une fonction $f = \rho\phi$ où ϕ est une variable intensive arbitraire.

En effet, par définition, la dérivée matérielle s'exprime :

$$\frac{d\phi}{dt} = \frac{\partial\phi}{\partial t} + V.\nabla\phi \qquad (8)$$

On obtient alors : $\qquad \dfrac{d}{dt}\int_\Omega \rho\,\phi\,d\Omega = \int_\Omega \rho\,\dfrac{d\phi}{dt}\,d\Omega \qquad (9)$

Soit encore, d'après (3), Ω étant quelconque :

$$\rho\frac{d\phi}{dt} = \frac{\partial(\rho\,\phi)}{\partial t} + \nabla.(\rho\,\phi\,V) \qquad (10)$$

2.3. Conservation des espèces

Considérons maintenant un système constitué de N espèces moléculaires miscibles distinctes. La masse volumique locale relative à l'espèce k est ρ_k avec :

$$\rho = \sum_{k=1}^{N} \rho_k \qquad \text{dans } \Omega \qquad (11)$$

La variation de la masse de l'espèce k comprise dans le volume Ω fixé est produite, d'une part par le flux de k traversant la surface Σ et pénétrant dans le volume Ω, et d'autre part par la réaction chimique produisant la masse $\dot{\omega}_k$ par unité de volume et de temps.

$$\int_\Omega \frac{\partial \rho_k}{\partial t} d\Omega = -\int_\Sigma \rho_k V_k . n \, d\Sigma + \int_\Omega \dot{\omega}_k \, d\Omega \qquad (k=1...N) \qquad (12)$$

où V_k est la vitesse moyenne locale de l'espèce k.

La production des réactions chimiques provient du fait que chaque réaction (l) parmi M se fait avec une certaine vitesse d'avancement volumique χ_l associée aux coefficients stœchiométrique $\vartheta_k^{(l)}$.

Dans ce cas la production de masse $\dot{\omega}_k$ de l'espèce (k) de masse molaire M_k par réaction chimique vaut :

$$\dot{\omega}_k = M_k \sum_{l=1}^{M} \vartheta_k^{(l)} \chi_l \qquad (13)$$

où chaque réaction l vérifie l'équation stœchiométrique :

$$\sum_{l=1}^{M} \vartheta_k^{(l)} M_k = 0 \qquad (14)$$

Comme la relation (12) est valable dans Ω quelconque, en appliquant le théorème (2) à l'intégrale de surface, on obtient l'équation de bilan de l'espèce k suivante :

$$\frac{\partial \rho_k}{\partial t} + \nabla.(\rho_k V_k) = \dot{\omega}_k \qquad (15)$$

On peut aussi obtenir une autre formulation faisant apparaître le flux convectif en introduisant le flux de diffusion de l'espèce k défini par :

$$J_k = \rho_k (V_k - V) = \rho_k V_k^* \tag{16}$$

où la vitesse de diffusion V_k^* est la vitesse du constituant k dans le référentiel barycentrique :

$$\sum_{k=1}^{N} J_k = \vec{0} \tag{17}$$

En définissant alors la fraction massique C_k de l'espèce k comme $C_k = \rho_k / \rho$, on obtient à partir de (15) et en utilisant (7) la forme générale de la loi de conservation de la masse de l'espèce k dans un système multiconstituants :

$$\rho \frac{dC_k}{dt} = -\nabla . J_k + \dot{\omega}_k \tag{18}$$

Nous pouvons introduire le coefficient de diffusion de l'espèce k, noté D_k. Le flux de diffusion de l'espèce k est donné par la loi de Fick :

$$J_k = -\rho D_k \nabla C_k \tag{19}$$

En absence de réactions chimiques et tenant compte des relations (19) et (8) l'équation de conservation des espèces (18) prend la forme suivante :

$$\boxed{\rho \left(\frac{\partial C_k}{\partial t} + V.\nabla C_k \right) = \nabla . (\rho D_k \nabla C_k)} \tag{20}$$

2.4. Conservation de la quantité de mouvement

La quantité de mouvement totale d'un fluide contenu dans le volume de contrôle matériel Ω est : $\int_{\Omega} \rho V \, d\Omega$.

Le principe fondamental de la dynamique indique que la variation de quantité de mouvement d'un système matériel est égale à la somme des forces extérieures (forces à distance ou de volume et forces de contact ou de surface) qui lui sont appliquées :

$$\frac{d}{dt}\int_{\Omega} \rho V \, d\Omega = \sum_{k=1}^{n}\int_{\Omega} \rho_k F_k \, d\Omega + \int_{\Sigma} \sigma . n \, d\Sigma \qquad (21)$$

où F_k est la force extérieure massique exercée sur chaque espèce k, et σ est le tenseur des contraintes. Comme σ est symétrique $(\sigma_{ij} = \sigma_{ji})$, il est intéressant de le décomposer en contraintes associées à la pression (partie sphérique) et en contraintes visqueuses :

$$\sigma = -p\,I + \tau \qquad (22)$$

Après application des théorèmes de Reynolds (8) et de Green - Ostrograsky (2), Ω étant arbitraire, on obtient sous forme locale l'équation de Cauchy :

$$\rho \frac{dV}{dt} = -\nabla p + \sum_{k=1}^{n} \rho_k F_k + \nabla . \tau \qquad (23)$$

Dans le cas d'un fluide idéal, dénué de viscosité, le tenseur des contraintes visqueuses disparaît, l'équation (23) devient alors l'équation d'Euler.

Si le fluide est newtonien (lorsque la relation contrainte – taux de déformation est linéaire et isotrope), les contraintes visqueuses font intervenir la viscosité dynamique μ et s'écrivent :

$$\tau = \mu\left(\nabla V + \nabla^T V\right) - \frac{2}{3}\mu\left(\nabla . V\right)\mathbf{1} \tag{24}$$

En supposant que la viscosité reste constante dans tout l'écoulement, on obtient l'équation bien connue de Navier – Stockes.

$$\rho\frac{dV}{dt} = -\nabla p + \sum_{k=1}^{n}\rho_k F_k + \mu\nabla^2 V + \frac{\mu}{3}\nabla(\nabla . V) \tag{25}$$

Lorsque, de plus, le fluide est incompressible et si les forces volumiques sont négligeables, ce qui sera le cas dans toute notre étude, et en tenant compte de la relation (6), la relation précédente prend la forme suivante :

$$\boxed{\rho\left(\frac{\partial V}{\partial t} + V.\nabla V\right) = -\vec{\nabla}p + \mu\nabla^2 V} \tag{26}$$

3. MILIEU POREUX

On désigne par milieu poreux un matériau constitué d'une matrice solide de forme complexe à l'intérieur de laquelle se trouvent des cavités interconnectées ou pores. La matrice solide peut être consolidée, c'est à dire ne peut pas se diviser en grains ou fibres, ou bien non consolide, c'est à dire formée de grains ou de fibres non soudées entre eux. Les pores peuvent contenir une ou plusieurs phases fluides susceptibles de s'écouler et d'échanger entre elles et (ou) avec la matrice solide de la matière ou de l'énergie. Nous nous restreindrons ici à l'étude d'écoulement où la matrice est saturée par une seule phase fluide ou un ensemble de fluides miscibles.

Il existe de nombreux exemples de milieux poreux dans la nature comme le sable, les sols, les matériaux de construction, les aliments, le papier, le bois, poumon humain...

D'une très grande variété de structure et de nature, les milieux poreux occupent une large place et jouent un rôle important dans de nombreux secteurs industriels et phénomènes naturels. On peut notamment citer, comme exemples typiques : le génie pétrolier, le génie chimique, l'hydrogéologie, le génie civil, la médecine...

Par leur implication dans ces divers domaines et phénomènes, les milieux poreux ont été intensivement étudiés pendant les 50 dernières années, et constituent une discipline à part entière dans de nombreux secteurs de recherche (Mojtabi C. 1993, Marcoux M. 1997, Ru Yang 2001, Wu-Shung Fu 2000, ...).

Nous rappelons dans la suite quelques caractéristiques d'un milieu poreux et nous présentons quelques modèles des écoulements en milieux poreux

3.1. Caractérisation d'un milieu poreux

Les phénomènes qui se déroulent dans les milieux poreux dépendent des propriétés du fluide interstitiel, mais aussi de la géométrie de la matrice solide. Elle est caractérisée par un certain nombre de grandeurs géométriques moyennes.

3.1.1. La porosité

La porosité ε d'un milieu poreux est la fraction de volume total occupée par les pores :

$$\varepsilon = \frac{\text{volume des pores}}{\text{volume total du milieu poreux}} \qquad (27)$$

Cette définition concerne un milieu poreux où tous les pores sont interconnectés, car elle considère tous les pores, même ceux qui sont fermés et qui ne sont pas envahis par le fluide. Il faudrait en fait utiliser une porosité effective ou accessible définie comme le rapport des pores connectés à travers lesquels s'effectue l'écoulement sur le volume total. Cette définition n'est possible que si on connaisse bien la structure du milieu poreux, elle est peu utilisée en pratique.

3.1.2. La perméabilité

La perméabilité d'un milieu poreux caractérise son aptitude à laisser circuler un fluide (liquide ou gaz) au sein de son espace poreux, sous l'effet d'un gradient de potentiel. Elle dépend de la structure interne de l'espace poreux et particulièrement de la connectivité de ses différents éléments. C'est une propriété de transport macroscopique exprimant le rapport entre une force (gradient de pression) imposée à un fluide pour traverser le milieu et le débit résultant. La perméabilité est une grandeur homogène à une surface, notée κ.

3.1.3. La tortuosité

La description de la géométrie des pores fait intervenir la notion de connectivité, correspondant à la complexité du chemin continu à travers l'espace des pores. Il faut aussi tenir compte des « bras morts », qui sont nombreux dans les milieux peu poreux et très hétérogènes. Pour décrire ces différents aspects, on introduit un paramètre τ, appelé tortuosité, que l'on définit de la manière suivante :

$$\tau = \left(\frac{L_e}{L}\right)^2 \qquad (28)$$

où L_e est la longueur réelle des lignes de courant du fluide traversant un échantillon de longueur L d'un milieu poreux modélisé sous la forme d'un réseau de capillaires parallèles ou ondulés.

3.1.4. La surface spécifique

Elle se définit comme le rapport de l'aire de la surface interfaciale solide –fluide totale A_{sf} au volume de l'échantillon V :

$$S = \frac{A_{sf}}{V} \qquad (29)$$

Cette grandeur, homogène à l'inverse d'une longueur, joue un rôle capital dans les problèmes d'absorption. Comme pour la porosité, il convient parfois de distinguer la surface spécifique accessible et la surface spécifique totale comprenant l'aire des parois des cavités occluses.

3.2. Modélisation mathématique

Nous rappelons dans la suite un ensemble de lois qui régissent l'écoulement dans un milieu poreux et qui sont les plus utilisés dans la théorie les membranes filtrantes.

3.2.1. Loi de Darcy

C'est en 1856 que Henri Darcy [61], suite à ces investigations sur l'hydrologie des fontaines de Dijon et des expérimentations sur des écoulements unidirectionnels stationnaires en milieu poreux, a mis en évidence la proportionnalité entre les variations de pression ΔP et le débit Q_{V^*} lié à la vitesse de filtration. Ceci se traduit pour un échantillon de longueur ΔL et de section S par la relation suivante :

$$\frac{Q_{V^*}}{S} = \frac{\kappa}{\mu}\frac{\Delta P}{\Delta L} \qquad (30)$$

où μ est la viscosité dynamique du fluide et κ est la perméabilité de la matrice solide, celle-ci étant indépendante de la nature du fluide et ne dépendant que de la géométrie du milieu. Elle est homogène à une surface.

A trois dimensions et en présence de la pesanteur, l'équation (30) se généralise par :

$$V^* = -\frac{\kappa}{\mu}\left(\nabla P - \rho_f g\right) \qquad (31)$$

La perméabilité est maintenant représentée par un tenseur du second ordre. Lorsque le milieu est isotrope, le tenseur de perméabilité devient alors un scalaire.

Applications et limites de la loi de Darcy

La loi de Darcy est une loi empirique expérimentale, néanmoins il s'avère que le champ des domaines dans lesquels elle décrit les écoulements dans les milieux poreux est extrêmement large. Il s'étend de l'hygrométrie des sols pour l'agriculture, aux qualifications des filtres ou aux céramiques poreuses en chimie, ou aux échanges à travers les membranes poreuses du corps humain (Freeze et Cherry, 1979). En toute rigueur, la loi de Darcy ne s'applique cependant que pour un régime d'écoulement laminaire, par opposition au régime d'écoulement turbulent. Dans ce cas, les effets d'inertie ne sont pas négligeables et on observe des écarts à la loi de Darcy. Le nombre de Reynolds de pore Re_p permet d'évaluer le type d'écoulement considéré, il est défini par : $Re_p = V_P \dfrac{\rho\, d}{\eta}$

pour l'écoulement d'un fluide de masse volumique ρ , de viscosité dynamique η dans une pore de diamètre d_p, avec une vitesse moyenne V_p. L'estimation des valeurs limites du nombre de Reynolds Re_p n'est pas immédiate pour un milieu poreux hétérogène. Pour un fluide et une géométrie donnée, Re_p ne dépend que de la vitesse typique de l'écoulement. On considère qu'à faible vitesse, le nombre de Reynolds est petit (<1), les effets de viscosité dominent, l'écoulement est laminaire et la loi de Darcy est valide (Bear, 1972). Un écoulement à grande vitesse sera turbulent et ne permettra pas l'application de la loi de Darcy.

3.2.2. Loi de Hagen-Poiseuille

En assimilant le milieu poreux à pores cylindriques de longueur ΔL, on peut résoudre le système d'équations différentielles de Navier-Stokes pour obtenir l'expression de la perte de charge en fonction du débit :

$$\frac{\Delta P}{\Delta L} = \frac{8\mu}{\pi r_p^4} Q \qquad (32)$$

avec :

Q : débit volumique,

ΔP : pression transmembranaire,

ΔL : longueur d'un pore cylindrique,

r_p : diamètre d'un pore cylindrique,

μ : viscosité dynamique.

La relation précédente est valable pour un écoulement laminaire d'un fluide newtonien incompressible. Il est possible d'accéder au flux de solvant, V_p, à travers le milieu poreux en faisant appel au nombres de pores par unité d'aire de la surface poreuse, N_p ($N_p = \dfrac{\varepsilon}{\pi\, r_p^2}$) et la porosité ε :

$$V_p = Q\, N_p = \frac{1}{\mu}\frac{1}{8}\varepsilon\, r_p^2\, \frac{\Delta P}{\Delta L} \tag{33}$$

En comparaison avec l'équation de Darcy (30), ce modèle permet d'introduit la perméabilité du milieu de la façon suivante :

$$\kappa = \frac{1}{8}\varepsilon\, r_p^2 \tag{34}$$

3.2.3. Relation de Kozeny-Carman

La perméabilité étant homogène à une longueur au carré. La théorie introduite par Kozeny en 1927, par analogie avec l'équation de Hagen-Poiseuille, avait pour but de trouver une longueur caractéristique qui contrôle les propriétés hydrauliques d'un milieu poreux. On la désigne sous le terme "rayon hydraulique", r_h, d'où la relation suivante :

$$\kappa = c\, r_h^2\, f(\varepsilon) \tag{35}$$

CHAPITRE II

où κ est la perméabilité, r_h le rayon hydraulique, c une constante sans dimension, et $f(\varepsilon)$ une fonction de la porosité. Le rayon hydraulique est égal au rapport du volume des pores sur la surface des pores. c est une constante numérique qui dépend de la forme de la section des pores.

Le milieu poreux est supposé équivalent à un tube unique dans lequel s'écoule le fluide. Cette approximation prend en compte l'hétérogénéité d'un réseau naturel complexe de tubes dans un milieu poreux, par l'intermédiaire de la tortuosité τ, $f(\varepsilon)=\dfrac{\varepsilon}{\tau^2}$. Son application s'appuie sur plusieurs hypothèses : on ne prend en compte que la porosité connectée, la distribution spatiale des pores doit être aléatoire, la distribution des tailles des pores doit être uniforme et l'analogie avec un écoulement dans des tubes capillaires doit être valide (David, 1991).

Le rayon hydraulique est définie par :

$$r_h = \dfrac{volume\ ouvert\ à\ l'écoulement}{surface\ totale\ des\ vides\ interstitiels}$$

En plus pour les milieu poreux la surface spécifique, S, est définie par :

$$S = \dfrac{surface\ totale\ des\ vides\ interstitiels}{volume\ total\ du\ milieu}$$

Ainsi, le rayon hydraulique peut s'écrire :

$$r_h = \dfrac{\varepsilon}{S(1-\varepsilon)}$$

d'où la perméabilité peut s'exprimer par la relation :

$$\kappa = \frac{\varepsilon^3}{h_k\, S^2 (1-\varepsilon)^2} \qquad (36)$$

avec h_k une constante approximativement égale à 5 (Mauran 2001) pour un écoulement laminaire (Rew<<1) dans un lit dense de particules sphériques de porosité entre $0.35 < \varepsilon < 0.75$. En plus, si les particules sont parfaitement sphériques et de diamètre a_p, la surface spécifique $S = \dfrac{\pi a_p^2}{\frac{\pi}{6} a_p^3} = \dfrac{6}{a_p}$. Pour ces conditions l'équation de Kozeny-carman s'écrit :

$$\frac{\Delta P}{\Delta L} = 180 \frac{(1-\varepsilon)^2}{\varepsilon^3} \mu\, V_p \qquad (37)$$

4. CONCLUSION

Dans ce chapitre nous avons présenté une formulation mathématique de l'écoulement des fluides en milieu libre et en milieu poreux. Cette formulation sera adaptée à notre problème physique dans les chapitres suivants.

FORMULATION MATHEMATIQUE DE L'ECOULEMENT DANS UN TUBE SOUMIS A UNE ASPIRATION PARIETALE

1. INTRODUCTION

Les transferts de quantité de mouvement pariétaux permettent de prendre en compte les régimes d'aspiration ou d'injection.

L'aspiration pariétale caractérise le fonctionnement d'un module de filtration tangentielle pendant le régime de production de fluide pur (perméat) : elle est réalisée grâce à une dépression entre l'intérieur et l'extérieur du tube poreux *(Figure 1)*.

L'injection pariétale caractérise le fonctionnement séquentiel de rétrolavage pendant le décolmatage de la paroi filtrante interne : elle est réalisée en appliquant une contre pression.

L'étude proposée consiste à mettre les équations et les conditions aux limites adéquates pour déterminer les champs qui s'établissent à l'intérieur d'un tube à paroi poreuse, soumis à l'aspiration pariétale, lors d'un écoulement d'un fluide. Dans le cas d'un fluide pur on s'intéresse aux champs de vitesse et de pression et dans le cas d'un fluide chargé de particule on s'intéresse aux champs de vitesse, de pression et de concentration.

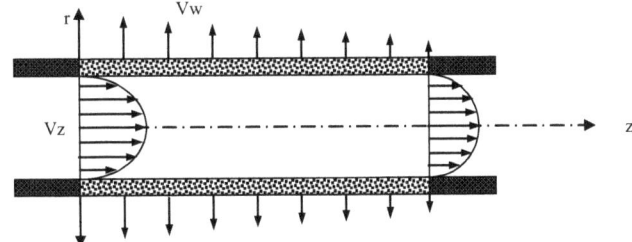

Figure 1 : Ecoulement dans un tube à paroi poreuse.

CHAPITRE III

2. MISE EN EQUATION DU PROBLEME

Le processus de filtration tangentielle est modélisé par un écoulement laminaire dans un tube cylindrique soumis à une transpiration pariétale. La suspension est assimilée à un fluide newtonien incompressible. Les forces de volume sont négligeables. Nous admettrons que l'écoulement est permanent. Néanmoins, le terme transitoire sera retenu dans les équations de conservation de quantité de mouvement juste pour assurer la convergence de notre code de calcul. L'équation de transfert de la matière et les conditions aux limites qui lui sont associées sont utilisées seulement dans le cas où on considérerait un fluide chargé de particule. Le coefficient de diffusion est supposé constant.

2.1 Equation de transfert dans le tube

La structure géométrique du tube présente une symétrie axiale par conséquent l'étude sera réalisée dans le plan (r,z). En tenant compte des hypothèses formulées ci-dessus, les équations de transfert (II.7,20,26) se simplifient et s'écrivent comme suit :

- équation de continuité :

$$\nabla.V = 0 \qquad (1)$$

$$\frac{1}{r}\frac{\partial\, r\, Vr}{\partial r} + \frac{\partial Vz}{\partial z} = 0$$

- équation de transfert de quantité de mouvement :

$$\rho\left(\frac{\partial V}{\partial t} + V.\nabla V\right) = -\nabla p + \mu \nabla^2 V \qquad (2)$$

selon la direction radiale :

$$\frac{\partial Vr}{\partial t} + \rho\left(Vr\frac{\partial Vr}{\partial r} + Vz\frac{\partial Vr}{\partial z}\right) = -\frac{\partial P}{\partial r} + \mu\left(\frac{\partial}{\partial r}\left(\frac{1}{r}\frac{\partial}{\partial r}(rVr)\right) + \frac{\partial^2 Vr}{\partial z^2}\right)$$

selon la direction axiale :

$$\frac{\partial Vz}{\partial t} + \rho\left(Vr\frac{\partial Vz}{\partial r} + Vz\frac{\partial Vz}{\partial z}\right) = -\frac{\partial P}{\partial z} + \mu\left(\frac{1}{r}\frac{\partial}{\partial r}\left(r\frac{\partial Vz}{\partial r}\right) + \frac{\partial^2 Vz}{\partial z^2}\right)$$

- Equation de transfert de masse

$$V.\nabla C = D\nabla^2 C \tag{3}$$

ou sous la forme développée :

$$Vr\frac{\partial C}{\partial r} + Vz\frac{\partial C}{\partial z} = D\left(\frac{1}{r}\frac{\partial}{\partial r}\left(r\frac{\partial C}{\partial r}\right) + \frac{\partial^2 C}{\partial z^2}\right)$$

2.2. Conditions aux limites

2.2.1. A l'entrée du tube poreux (z = 0)

- Nous admettons que l'écoulement est établi hydrodynamiquement à l'entrée du tube poreux. Par conséquent le profil de la vitesse axiale à l'entrée est le même profil parabolique de Poiseuille et la composante radiale de la vitesse est nulle :

$$Vz = 2Vz_0\left(1-\left(\frac{r}{R}\right)^2\right) \ ; \qquad Vr = 0 \ ; \qquad P = P_0. \tag{4.a}$$

- Le fluide est envoyé dans le tube à une concentration initiale C_0 :

$$C = C_0 \tag{4.b}$$

2.2.2 A la sortie du tube (z = L)

- La condition limite en aval du tube pour la vitesse axiale pose un problème délicat, en raison de la transpiration à la paroi du tube poreux.

Une première tentative malheureusement infructueuse a fait l'objet d'un test numérique. La condition en aval du tube pour la vitesse axiale a consisté à supposer qu'à la sortie du tube le régime d'écoulement se rétablisse. La condition sur la vitesse axiale s'écrit :

$$\frac{\partial V_z}{\partial z} = 0 \tag{5.a}$$

Ce type de condition est relativement facile à mettre en œuvre avec un modèle aux différences finies mais il provoque une discontinuité, à la dernière maille, qui est remarquable sur le profil axial de la pression. Les résultats obtenus n'ont pas été convaincants ce qui nous a amené à abandonner cette hypothèse.

Pour surmonter ce problème, Nassehi (1998) a proposé d'ajouter une section imperméable en aval du tube à paroi perméable et les conditions aux limites seront prises à la fin de cette section imperméable. Ainsi, Nassehi a montré en utilisant un modèle aux éléments finis que la prise en compte des conditions aux limites aval de la section imperméable, de type écoulement établi, donne des résultats satisfaisants.

Aussi pour résoudre ce problème, Schmitz (1990) a supposé que le profil de vitesse à l'extrémité aval du tube poreux ait la même forme que celui au voisinage de cette extrémité.

Finalement, nous avons retenu l'approximation de Schmitz (1990) qui donne des résultats numériques satisfaisants et qui a l'avantage de minimiser le temps de calcul par rapport à la méthode de Nassehi (1998). La condition limite pour la composante axiale de la vitesse s'écrit alors :

$$Vz(L,r) = \beta\, Vz(L - \Delta z, r) \tag{5.b}$$

avec $\Delta z <<< L$ et β très proche de 1.

- le profil de la vitesse radiale est supposé établi :

$$\frac{\partial Vr}{\partial z} = 0 \tag{5.c}$$

- L'hypothèse d'un flux développé et la faible diffusion dans la direction axiale permettent de considérer un profil de concentration développé à la sortie du tube poreux. Ainsi,

$$\frac{\partial C}{\partial z} = 0 \tag{5.d}$$

2.2.3. A l'axe du tube (r = 0)

Les conditions aux limites sur l'axe du tube sont les conditions d'axisymétrie. Elles sont les suivantes :

$$\frac{\partial Vz}{\partial r} = 0\,;\quad Vr = 0\,;\quad \frac{\partial C}{\partial r} = 0 \tag{6}$$

2.2.4. A la paroi poreuse du tube (r = R)

- A travers la paroi poreuse, la vitesse radiale Vr est égale à la vitesse de perméation Vw :

$$Vr = Vw \tag{7.a}$$

Si le fluide est pur, l'écoulement à travers la membrane est décrit par la loi de Darcy, qui s'écrit de manière suivante :

$$Vw = -\frac{\kappa}{\mu}\nabla P \tag{7.b}$$

Si on admet que la pression externe P_e est uniforme tout le long du tube et est égale à la pression atmosphérique, la condition limite à la paroi s'écrit simplement :

$$Vw = \frac{\kappa}{e\mu}(P - Pe) \tag{7.c}$$

où e et κ sont respectivement l'épaisseur et la perméabilité de la membrane.

L'équation précédente peut s'écrire sous la forme :

$$Vw = \frac{\Delta P}{\mu R_m} \tag{7.d}$$

où ΔP et R_m sont respectivement la pression transmembranaire et la résistance hydraulique de la membrane.

Si le fluide est chargé de particules, la membrane va être colmatée. Nous supposons que le colmatage est dû à une formation d'une couche de polarisation. La résistance spécifique de la concentration de polarisation est un paramètre très important qui affecte le flux de perméation.

Selon les modèles de filtration frontale, la résistance spécifique de la concentration de polarisation est définie comme la résistance par unité d'épaisseur de la concentration de polarisation (Lee Y. 1998):

$$R_p = \int_{R-\delta_p}^{R} r_p \, d\delta \qquad (7.\text{e})$$

où R_p est la résistance, r_p est la résistance spécifique et δ_p est l'épaisseur de la couche de concentration de polarisation.

Si cette couche de concentration est supposée homogène, l'équation précédente prend la forme :

$$R_p = r_p \, \delta_p \qquad (7.\text{f})$$

La résistance spécifique r_p peut être déterminée par la corrélation de Carmen-Kozeny :

$$r_p = 180 \frac{(1-\varepsilon_p)^2}{a_p^2 \, \varepsilon_p^3} \qquad (7.\text{j})$$

où a_p est le diamètre moyen des particules et ε_p est la porosité de la couche de concentration de polarisation.

L'équation précédente est valable pour les particules sphériques mono dispersées, non déformables et pour une porosité $0.35 \leq \varepsilon_p \leq 0.75$.

Les résistances hydrauliques de la couche de polarisation et de la membrane agissent en série contre le flux de perméation, d'où la vitesse de perméation donnée par une nouvelle forme de la loi de Darcy (Blatt 1970) :

$$Vw = \frac{\Delta P}{\mu \, (R_m + R_p)} \qquad (7.\text{h})$$

- Les travaux de Beavers et Joseph (1967) montrent l'existence d'une vitesse de glissement à l'interface milieu poreux – fluide. L'influence de cette vitesse de glissement a été étudiée, d'un point de vue théorique, par Singh et Laurence (1979) dans le cas de l'ultrafiltration. L'effet de la vitesse de glissement sur la structure de l'écoulement dans un canal poreux a été aussi étudié par Tanahashi et al. (1982). Plus récemment, Schmitz et Prat (1995) ont montré que l'effet de la vitesse de glissement est pratiquement négligeable à la surface de la membrane. Ainsi, nous supposons que l'hypothèse de non-glissement reste valable à la paroi en négligeant l'influence des rugosités locales dues à son caractère poreux, ce qui nous donne une vitesse axiale pariétale nulle :

$$Vz = 0 \tag{7.k}$$

- A l'interface liquide - milieu poreux nous supposons qu'il n'y a pas l'accumulation de particules à l'état stationnaire, c'est-à-dire les particules sont presque 100% rejetés par la membrane. :

$$Vr\, C = D \frac{\partial C}{\partial r} \tag{7.l}$$

3. INTRODUCTION DES PARAMETRES ADIMENSIONNELS

3.1. Choix des variables adimensionnelles

Les équations sont mises sous forme adimensionnelle afin de rendre plus commode la modélisation d'une part, et d'autre part d'effectuer une similitude des nombres sans dimensions entre l'écoulement industriel et l'analyse expérimentale en tube poreux.

L'échelle de vitesse et l'échelle de longueur sont respectivement :

- Vz_0 : vitesse moyenne à l'entrée du tube
- d : diamètre du tube.

CHAPITRE III

Nous conservons la même échelle de longueur et de vitesse pour l'écoulement transversal et longitudinal afin de rester cohérent avec la littérature en ce qui concerne les nombres adimensionnels choisis pour caractériser la filtration tangentielle.

La pression est ramenée sans dimension en divisant la pression dimensionnelle par le terme $\rho V z_0^2$.

Le temps est rendu adimensionnal en utilisant le rapport $\dfrac{V z_0}{d}$.

La concentration est mise sous la forme adimensionnelle par rapport à la concentration du fluide à l'entrée du tube.

Les variables sans dimension s'écrivent donc :

$$V_z^* = \frac{V_z}{V z_0} \quad V_r^* = \frac{V_r}{V z_0} \quad z^* = \frac{z}{d} \quad r^* = \frac{r}{d}$$

$$P^* = \frac{P}{\rho V z_0^2} \quad t^* = \frac{t V z_0}{d} \quad C = \frac{C}{C_0} \quad (8)$$

Dans tout ce qui suit, pour alléger l'écriture, les grandeurs adimensionnelles seront notées sans astérisque.

3.2. Equations de transfert

En introduisant les grandeurs adimensionnelles définies ci-dessus, le système d'équations de transferts (1,2,3) s'écrit sous la forme :

$$\frac{1}{r}\frac{\partial\, r\, Vr}{\partial r} + \frac{\partial Vz}{\partial z} = 0 \qquad (9)$$

$$\frac{\partial Vr}{\partial t} + Vr\frac{\partial Vr}{\partial r} + Vz\frac{\partial Vr}{\partial z} = -\frac{\partial P}{\partial r} + \frac{1}{Re}\left(\frac{\partial}{\partial r}\left(\frac{1}{r}\frac{\partial}{\partial r}(r\, Vr)\right) + \frac{\partial^2 Vr}{\partial z^2}\right) \qquad (10)$$

$$\frac{\partial Vz}{\partial t} + Vr\frac{\partial Vz}{\partial r} + Vz\frac{\partial Vz}{\partial z} = -\frac{\partial P}{\partial z} + \frac{1}{Re}\left(\frac{1}{r}\frac{\partial}{\partial r}\left(r\frac{\partial Vz}{\partial r}\right) + \frac{\partial^2 Vz}{\partial z^2}\right) \qquad (11)$$

$$Vr\frac{\partial C}{\partial r} + Vz\frac{\partial C}{\partial z} = \frac{1}{Sc\, Re}\left(\frac{1}{r}\frac{\partial}{\partial r}\left(r\frac{\partial C}{\partial r}\right) + \frac{\partial^2 C}{\partial z^2}\right) \qquad (12)$$

La mise sous forme adimensionnelle des équations de transfert fait apparaître deux nombres sans dimension :

- $Re = \dfrac{\rho\, d\, Vz_0}{\mu}$: Nombre de Reynolds longitudinal

- $Sc = \dfrac{\mu}{\rho D} = \dfrac{\nu}{D}$: Nombre de Schmidt

Le premier nombre définit l'écoulement tangentiel du fluide pénétrant à l'intérieur du tube poreux. Il est basé sur la vitesse moyenne à l'entrée du tube. Le régime étudié restant toujours laminaire, la borne supérieure de son domaine de variation est limité à 2000.

Le deuxième nombre compare les transferts de quantité de mouvement, associés aux forces visqueuses, aux transferts de masse par diffusion moléculaire.

3.3. Conditions aux limites

Les conditions aux limites prennent les formes adimensionnelles suivantes :

CHAPITRE III

- A l'entrée du tube poreux (z = 0)

$$Vz = 2\left(1-(2r)^2\right) ; \quad Vr = 0 ; \quad C = 1 \tag{13}$$

- A la sortie du tube poreux (z = L)

$$Vz(L/d,r) = \beta \, Vz((L-\Delta z)/d,r) ; \quad \frac{\partial Vr}{\partial z} = 0 ; \quad \frac{\partial C}{\partial z} = 0 \tag{14}$$

- A l'axe du tube (r = 0)

$$\frac{\partial Vz}{\partial r} = 0 ; \quad Vr = 0 ; \quad \frac{\partial C}{\partial r} = 0 \tag{15}$$

- A la paroi poreuse du tube (r = R)

$$Vz = 0 ; \quad Vr\, C = D \frac{\partial C}{\partial r}$$

$$Vr = Vw = \frac{Rew}{Re} - \kappa^* \, Re\, P \; : \text{dans le cas d'un fluide pur} \tag{16}$$

$$Vr = Vw = \frac{\Delta P}{\mu \left(R_m + R_p\right) Vz_0} \; : \text{dans le cas d'un fluide chargé de particules}$$

L'adimensionnalisation des conditions aux limites met en évidence les nombres sans dimension suivants :

$$Rew = \frac{\rho \, d \, Vw_0}{\mu} \; : \text{Nombre de Reynolds transversal}$$

$$\kappa^* = \frac{\kappa}{e\,d} \; : \text{Facteur de forme du milieu poreux}$$

Le nombre de Reynolds transversal, largement utilisé par la plupart des chercheurs (Berman 1953 ; Brady 1984 ; Ilias 1988; Schmitz 1995) qui travaillent sur le problème de l'écoulement en tube poreux avec aspiration, caractérise l'écoulement transversal à travers la paroi poreuse.

Le facteur de forme du milieu poreux prend en compte toutes les caractéristiques dimensionnelles et physiques du tube poreux nécessaires à sa description en tant que milieu filtrant. Il joue le rôle d'une perméabilité sans dimension qui, en fonction de sa valeur numérique donne ou non de l'importance aux variations axiales de la pression à l'intérieur du tube et à la variation de la vitesse de filtration pariétale Vw.

On note par Vw_0, la vitesse de perméation à l'entrée du tube. Cette vitesse est proportionnelle à la différence entre la pression à l'entrée du tube P_0 et la pression à l'extérieur du tube P_e :

$$Vw_0 = -\frac{\kappa}{\mu}\frac{P_0 - P_e}{e} \qquad (17)$$

4. CONCLUSION

Dans ce chapitre, les équations de conservation de quantité de mouvement et de conservation de la matière ont été posées, pour l'écoulement laminaire d'un fluide newtonien incompressible, dans un tube à paroi poreuse. Les conditions aux limites associées à ces équations ont été choisies.

Etant donnée que les conditions aux limites sur les vitesses et la concentration sont inconnues explicitement, les équations aux dérivées partielles régissant les transferts sont difficiles à résoudre. Une recherche de solutions analytiques est illusoire. Nous faisons donc appel à une méthode numérique, qui s'adapte bien à la résolution de ce type de problème. Cette méthode numérique est présentée dans le chapitre qui suit.

RESOLUTION NUMERIQUE

DES EQUATIONS DE TRANSFERT

CHAPITRE IV

1. INTRODUCTION

Dans le chapitre précédent, nous avons présenté le système aux équations différentielles non-linéaires (III.10-12) qui régissent l'écoulement dans le tube à paroi poreuse. Les conditions aux limites (III.13-16) qui lui sont associées ne sont pas connues de façon explicite. Elles sont fonction de variables inconnues. Ces systèmes ne peuvent pas admettre de solutions analytiques. Nous avons donc fait appel aux méthodes numériques et notre choix est porté sur la méthode des différences finies. En effet, cette méthode s'adapte parfaitement, d'une part à la géométrie du domaine d'étude et d'autre part à la nature des équations à résoudre.

2. METHODE DES DIFFERENCES FINIES

2.1. Approches de discrétisation

En écoulement bidimensionnel axisymétrique (z,r), les mailles du réseau sont définies par les pas Δz et Δr (Figure 1) et la valeur d'une fonction $X(z,r)$ en ce point est notée $X_{i,j}$. Chaque nœud du maillage est repéré par les indices i et j.

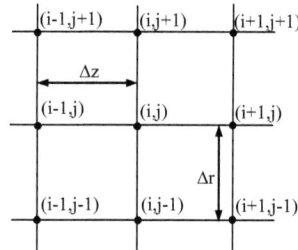

Figure 1: Elément de maillage

CHAPITRE IV

Si nous supposons que la fonction X est suffisamment dérivable, la valeur de X au point $(z+\Delta z, r+\Delta r)$ se déduit de la formule de Taylor par :

$$X(z+\Delta z, r+\Delta r) = X(z,r) + X\left(\Delta z \frac{\partial}{\partial z} + \Delta r \frac{\partial}{\partial r}\right) + \frac{1}{2}\left(\Delta z \frac{\partial}{\partial z} + \Delta r \frac{\partial}{\partial r}\right)^2 X(z,r) +$$

$$\ldots + \frac{1}{(n-1)!}\left(\Delta z \frac{\partial}{\partial z} + \Delta r \frac{\partial}{\partial r}\right)^{n-1} X(z,r) + R_n \qquad (1)$$

avec $R_n = \dfrac{1}{n!}\left(\Delta z \dfrac{\partial}{\partial z} + \Delta r \dfrac{\partial}{\partial r}\right)^n X(z+\varepsilon\Delta z, r+\varepsilon\Delta r)$ \qquad tel quel \qquad $(0 < \varepsilon < 1)$

Exprimons maintenant, à partir de l'équation (1), les valeurs de la fonction X aux points $(X+\Delta X)$ et $(X-\Delta X)$.

$$X(z+\Delta z, r) = X(z,r) + \Delta z \frac{\partial X}{\partial z} + \frac{(\Delta z)^2}{2!}\frac{\partial^2 X}{\partial z^2} + \frac{(\Delta z)^3}{3!}\frac{\partial^3 X}{\partial z^3} + \ldots$$

$$\qquad (2)$$

$$X(z-\Delta z, r) = X(z,r) - \Delta z \frac{\partial X}{\partial z} + \frac{(\Delta z)^2}{2!}\frac{\partial^2 X}{\partial z^2} - \frac{(\Delta z)^3}{3!}\frac{\partial^3 X}{\partial z^3} + \ldots$$

La méthode des différences finies consiste à approcher les dérivées partielles par l'une des expressions suivantes :

- schéma décentré vers l'avant du premier ordre :

$$\frac{\partial X}{\partial r} = \frac{X_{i,j+1} - X_{i,j}}{\Delta r} \qquad (3)$$

- schéma rétrograde du premier ordre :

$$\frac{\partial X}{\partial r} = \frac{X_{i,j} - X_{i,j-1}}{\Delta r} \qquad (4)$$

- schéma centré du premier ordre :

$$\frac{\partial X}{\partial r} = \frac{X_{i,j+1} - X_{i,j-1}}{2\Delta r} \qquad (5)$$

- schéma décentré vers l'avant du second ordre :

$$\frac{\partial X}{\partial r} = \frac{4 X_{i,j+1} - X_{i,j+2} - 3 X_{i,j}}{2\Delta r} \qquad (6)$$

- schéma rétrograde du second ordre :

$$\frac{\partial X}{\partial r} = \frac{3 X_{i,j} - 4 X_{i,j-1} + X_{i,j-2}}{2\Delta r} \qquad (7)$$

La dérivée seconde de la fonction X par rapport à r est donnée par la relation suivante :

$$\frac{\partial^2 X}{\partial r^2} = \frac{X_{i,j+1} - 2 X_{i,j} + X_{i,j-1}}{\Delta r^2} \qquad (8)$$

Des expressions analogues sont utilisées pour discrétiser les dérivées partielles par rapport à z.

2.2. Méthodes explicites et méthodes implicites

Les techniques de marche pour la méthode explicite peuvent être effectuées point par point et ceci a priori dans n'importe quel ordre, dans la mesure où l'information requise pour le calcul est entièrement contenue dans les calculs effectués aux itérations précédentes.

Pour la méthode implicite, par contre, il est nécessaire pour effectuer l'avance du calcul de connaître non seulement des valeurs calculées au pas précédent, mais aussi des informations issues de l'itération en cours. L'utilisation de telles méthodes implique la résolution de systèmes d'équations simultanées.

Ces méthodes peuvent être représentées sous la forme générale suivante :

$$X^{n+1} = f(\beta_1\ X^{n+1}, \beta_0\ X^n, \beta_{-1}\ X^{n-1}, ...)$$

Les méthodes seront dites explicites si $\beta_1 = 0$, et implicites si $\beta_1 \neq 0$.

3. DEFINITION DU MAILLAGE

En fonction du problème à résoudre, le maillage qui sera utilisé devrait répondre au mieux aux critères de compromis entre la précision et le temps de résolution. Dans notre cas, deux maillages relatifs aux équations de quantité de mouvement et de matière ont été définis :

3.1. Cas de l'équation de quantité de mouvement

Pour la résolution numérique de l'équation de quantité de mouvement, nous considérons un maillage avec des pas d'espace Δr dans la direction radiale et des pas d'espace Δz dans la direction axiale. Ces pas sont maintenus constants. Nous notons par N1 le nombre de points dans la direction radiale r et par M1 le nombre de points dans la direction axiale z (figure 2). Les pas d'espace sont alors donnés par :

$$\Delta z = \frac{L/d}{M1-1} \text{ et } \Delta r = \frac{0.5}{N1-1} \tag{9}$$

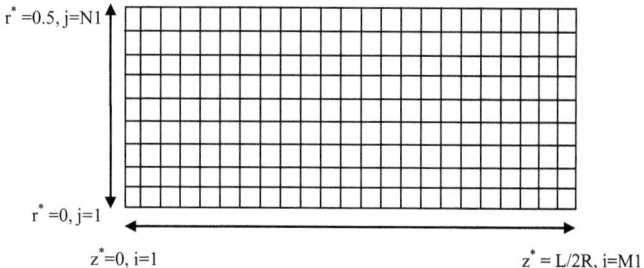

Figure 2: Maillage du domaine d'étude
pour la résolution de l'équation de quantité de mouvement.

3.2. Cas de l'équation de la matière

Nous notons par N2 le nombre de points dans la direction radiale r et par M2 le nombre de points dans la direction axiale z (figure 3). Le gradient radial de concentration et très important près de la paroi perméable et il est presque nul au-delà de cette zone. Il est donc nécessaire de diminuer la largeur du pas près de la paroi perméable. Par conséquent, nous considérons un maillage très dense et uniforme près de la paroi (de j = n à N2). Dans le reste du domaine (de j = 1 à n), nous utilisons un maillage non uniforme avec une progression géométrique de raison (X=1.07) suivant la direction radiale. Le maillage dans la direction axiale est pris uniforme parce que le gradient de concentration dans cette direction n'est pas très important. Les pas d'espace sont alors définis par :

$$\Delta z = \frac{L/2R}{M2 - 1} \qquad \text{pour i=1, 2, 3, ... ,M2} \qquad (10)$$

$$\Delta r = \Delta r_{j=N2} \quad \text{pour j=n, n+1, ... ,N2} \qquad (11)$$

CHAPITRE IV

$$\Delta r_{j=n-1} = \frac{(0.5 - \Delta r_{j=N2}(N2-n))(1-X)}{(1-X^{n-1})} \qquad (12)$$

Les pas suivants sont calculés comme suit :

$$\Delta r_j = \Delta r_{j=n-1} X^{n-1-j} \quad \text{pour } j=n-2, n-3, \ldots, 1 \qquad (13)$$

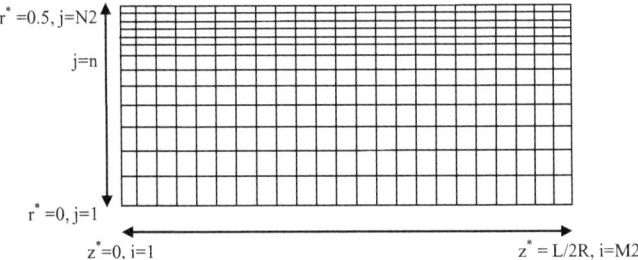

Figure 3: Maillage du domaine d'étude
pour la résolution de l'équation de la matière.

4. PROCEDURE DE CALCUL

Pour chaque équation à résoudre, nous sommes amenés à utiliser le schéma numérique adéquat qui devrait être adapté avec les conditions aux limites du problème et satisfaire les critères de convergence. Dans la suite nous présentons les schémas numériques utilisés pour la résolution de l'équation de quantité de mouvement suivant les directions axiale et radiale et pour la résolution de l'équation de la matière (Mokheimer 1999).

CHAPITRE IV

4.1. Cas de l'équation du mouvement suivant z

Pour la résolution de l'équation du mouvement dans la direction axiale, nous discrétisons cette équation à l'aide d'une méthode aux différences finies <u>implicite suivant r et explicite suivant z</u>. Chaque terme de l'équation de mouvement est représenté par une différence centrée du deuxième ordre.

Les équations algébriques ainsi obtenues peuvent s'écrire sous la forme :

$$A_j Vz_{(i,j-1)} + B_j Vz_{(i,j)} + C_j Vz_{(i,j+1)} + \left.\frac{dP}{dz}\right|_i = D_j \qquad j = 2,...,NI-2 \qquad (14.a)$$

$$B_1 Vz_{(i,1)} + C_1 Vz_{(i,2)} + \left.\frac{dP}{dz}\right|_i = D_1 \qquad j = 1 \qquad (14.b)$$

$$A_{N1-2} Vz_{(i,N1-2)} + B_{N1-1} Vz_{(i,N1-1)} + \left.\frac{dP}{dz}\right|_i = D_{N1-1} \qquad j = NI-1 \qquad (14.c)$$

Pour compléter ce système d'équations, nous utilisons l'équation de conservation du débit volumique :

$$Q_1 = 2\pi \sum_{j=1}^{N1-1} \frac{(Vz^*_{1,j} r^*_j + Vz^*_{1,j+1} r^*_{j+1})}{2} \Delta r \qquad (15.a)$$

$$Q_{i+1} = Q_i - \pi \sum_{i=1}^{M1-1} \frac{Vr^*_{i,N} - Vr^*_{i+1,N}}{2} \Delta z \qquad i = 1,......,M1-1 \qquad (15.b)$$

Les équations précédentes aboutissent au système suivant :

CHAPITRE IV

$$\begin{bmatrix} B_1 & C_1 & & & & & & & & 1 \\ A_2 & B_2 & C_2 & & & & & & & 1 \\ & * & * & * & & & & & & * \\ & & * & * & * & & & & & * \\ & & & A_j & B_j & C_j & & & & 1 \\ & & & & * & * & * & & & * \\ & & & & & * & * & * & & * \\ & & & & & & A_{N1-2} & B_{N1-2} & C_{N1-2} & 1 \\ & & & & & & & A_{N1-1} & B_{N1-1} & 1 \\ (r_j(1)+r_j(2))\pi\,\Delta r & * & * & * & (r_j(j)+r_j(j+1))\pi\,\Delta r & * & * & * & * & 0 \end{bmatrix} \begin{bmatrix} Vz_{(i,1)} \\ Vz_{(i,2)} \\ * \\ Vz_{(i,j-1)} \\ Vz_{(i,j)} \\ Vz_{(i,j+1)} \\ * \\ Vz_{(i,N1-2)} \\ Vz_{(i,N1-1)} \\ \left.\dfrac{dP}{dz}\right|_i \end{bmatrix} = \begin{bmatrix} D_1 \\ D_2 \\ * \\ * \\ D_j \\ * \\ * \\ D_{N1-2} \\ D_{N1-1} \\ Q_i \end{bmatrix}$$

$$i = 2,....,M1 \qquad (16)$$

Avec :

$$A_j = \frac{-1}{Re\,\Delta r^2} + \frac{1}{2\,Re\,r_j\,\Delta r} - \frac{Vr_{i,j}}{2\,\Delta r}$$

$$B_j = \frac{2}{Re\,\Delta r^2} + \frac{1}{\Delta t}$$

$$C_j = \frac{-1}{Re\,\Delta r^2} - \frac{1}{2\,Re\,r_j\,\Delta r} + \frac{Vr_{i,j}}{2\,\Delta r}$$

$$D_j = \frac{Vz_{i+1,j} - 2\,Vz_{i,j} + Vz_{i-1,j}}{Re\,\Delta z^2} - \frac{Vz_{i,j}\left(Vz_{i+1,j} - Vz_{i-1,j}\right)}{2\,\Delta z} + \frac{Vz_{i,j}}{\Delta t}$$

j variant de 2 à N1-2.

Pour j=1 et j=N1-1, les termes précédents s'écrivent comme suit :

$$B_1 = \frac{2}{Re\,\Delta r^2} + \frac{1}{\Delta t}$$

$$C_1 = \frac{-2}{Re\,\Delta r^2}$$

$$D_1 = \frac{Vz_{i+1,1} - 2Vz_{i,j} + Vz_{i-1,1}}{Re\,\Delta z^2} - \frac{Vz_{i,1}\left(Vz_{i+1,1} - Vz_{i-1,1}\right)}{2\,\Delta z} + \frac{Vz_{i,1}}{\Delta t}$$

$$A_{N1-1} = \frac{-1}{Re\,\Delta r^2} + \frac{1}{2\,Re\,r_{N1-1}\,\Delta r} - \frac{Vr_{i,N1-1}}{2\,\Delta r}$$

$$B_{N1-1} = \frac{2}{Re\,\Delta r^2} + \frac{1}{\Delta t}$$

$$D_{N1-1} = \frac{Vz_{i+1,N1-1} - 2Vz_{i,N1-1} + Vz_{i-1,N1-1}}{Re\,\Delta z^2}$$
$$- \frac{Vz_{i,N1-1}\left(Vz_{i+1,N1-1} - Vz_{i-1,N1-1}\right)}{2\,\Delta z} + \frac{Vz_{i,N1-1}}{\Delta t}$$

4.2. Cas de l'équation de quantité de mouvement suivant r

La résolution de l'équation du mouvement projetée sur l'axe des r est assurée par la méthode aux différences finies <u>implicite suivant z et explicite suivant r</u>. Chaque terme de l'équation de mouvement est représenté par une différence centrée du deuxième ordre. Les équations algébriques ainsi obtenues peuvent être écrites sous la forme :

$$A_i\,Vr_{(i-1,j)} + B_i\,Vr_{(i,j)} + C_i\,Vr_{(i+1,j)} + \left.\frac{dP}{dr}\right|_j = D_i \qquad i = 3,\ldots,M1-1 \qquad (17.a)$$

$$B_2\,Vr_{(2,j)} + C_2\,Vr_{(3,j)} + \left.\frac{dP}{dr}\right|_j = D_2 \qquad i = 2 \qquad (17.b)$$

$$A_{M1}\,Vr_{(M1-1,j)} + B_{M1}\,Vr_{(M1,j)} + \left.\frac{dP}{dr}\right|_j = D_{M1} \qquad i = M1 \qquad (17.c)$$

Pour compléter ce système d'équations, nous utilisons l'équation de conservation du débit volumique :

$Q_1 = 0$ (18.a)

$$Q_{j+1} = Q_j + 2\pi \frac{(Vz^*_{1,j} r^*_j + Vz^*_{1,j+1} r^*_{j+1})}{2} \Delta r - 2\pi \frac{(Vz^*_{M,j} r^*_j + Vz^*_{M,j+1} r^*_{j+1})}{2} \Delta r$$

$$= 2\pi \sum_{i=1}^{M-1} \frac{Vr^*_{i,j+1} + Vr^*_{i+1,j+1}}{2} r^*_j \Delta z$$

tel que $j = 1, \ldots, N - 1$ (18.b)

Les équations précédentes aboutissent à la matrice suivante :

$$\begin{bmatrix} B_2 & C_2 & & & & & & & & 1 \\ A_3 & B_3 & C_3 & & & & & & & 1 \\ & * & * & * & & & & & & * \\ & & * & * & * & & & & & * \\ & & & A_i & B_i & C_i & & & & 1 \\ & & & & * & * & * & & & * \\ & & & & & * & * & * & & * \\ & & & & & & A_{M1-1} & B_{M1-1} & C_{M1-1} & 1 \\ & & & & & & & A_{M1} & B_{M1} & 1 \\ 2\pi \Delta r (j-1) dz & * & * & * & 2\pi \Delta r (j-1) dz & * & * & * & \pi\Delta dr(j-1)dz & 0 \end{bmatrix} \begin{bmatrix} Vr_{(2,j)} \\ Vr_{(3,j)} \\ * \\ Vr_{(i-1,j)} \\ Vr_{(i,j)} \\ Vr_{(i+1,j)} \\ * \\ Vr_{(M1-1,j)} \\ Vr_{(M1,j)} \\ \left.\frac{dP}{dr}\right|_j \end{bmatrix} = \begin{bmatrix} D_1 \\ D_2 \\ * \\ * \\ D_i \\ * \\ * \\ D_{M1-1} \\ D_{M1} \\ Q_j \end{bmatrix}$$

$j = 2, \ldots, N1 - 1$ (19)

Avec :

$$A_i = \frac{-1}{Re \, \Delta z^2} - \frac{Vz_{i,j}}{2 \Delta z}$$

$$B_i = \frac{2}{Re \, \Delta z^2} + \frac{1}{\Delta t}$$

$$C_i = \frac{-1}{Re \, \Delta z^2} + \frac{Vz_{i,j}}{2 \Delta z}$$

CHAPITRE IV

$$D_i = \frac{Vr_{i,j+1} - 2Vr_{i,j} + Vr_{i,j-1}}{Re\,\Delta r^2} + \frac{Vr_{i,j+1} - Vr_{i,j-1}}{2\,Re\,r_j\,\Delta r}$$
$$- \frac{Vr_{i,j}}{2\,Re\,r_j^2} - \frac{Vr_{i,j}\left(Vr_{i,j+1} - Vr_{i,j-1}\right)}{2\,\Delta r} + \frac{Vr_{i,j}}{\Delta t}$$

i variant de 3 à M1-1.

Pour i=2 et i=M1, les termes précédents s'écrivent comme suit :

$$B_2 = \frac{2}{Re\,\Delta z^2} + \frac{1}{\Delta t}$$

$$C_2 = \frac{-1}{Re\,\Delta z^2} + \frac{Vz_{2,j}}{2\,\Delta z}$$

$$D_2 = \frac{Vr_{2,j+1} - 2Vr_{2,j} + Vr_{2,j-1}}{Re\,\Delta r^2} + \frac{Vr_{2,j+1} - Vr_{2,j-1}}{2\,Re\,r_j\,\Delta r}$$
$$- \frac{Vr_{2,j}}{2\,Re\,r_j^2} - \frac{Vr_{2,j}\left(Vr_{2,j+1} - Vr_{2,j-1}\right)}{2\,\Delta r} + \frac{Vr_{2,j}}{\Delta t}$$

$$A_{M1} = \frac{-2}{Re\,\Delta z^2}$$

$$B_{M1} = \frac{2}{Re\,\Delta z^2} + \frac{1}{\Delta t}$$

$$D_{M1} = \frac{Vr_{M1,j+1} - 2Vr_{M1,j} + Vr_{M1,j-1}}{Re\,\Delta r^2} + \frac{Vr_{M1,j+1} - Vr_{M1,j-1}}{2\,Re\,r_j\,\Delta r} - \frac{Vr_{M1,j}}{2\,Re\,r_j^2}$$
$$- \frac{Vr_{M1,j}\left(Vr_{M1,j+1} - Vr_{M1,j-1}\right)}{2\,\Delta r} + \frac{Vr_{M1,j}}{\Delta t}$$

Le calcul de la vitesse de perméation (vitesse radiale en j=N1) à travers la paroi poreuse est déterminé par l'équation de Darcy qui exige la connaissance de la valeur de la pression en chaque nœud. Pour cette raison le champ de pression dans le tube doit être calculé.

4.3. Calcul de la pression

Soit P_0 la pression à l'entrée du tube poreux. Le calcul du gradient de la pression suivant z nous permet d'évaluer la pression dans chaque section du tube, P_i, qui est considéré comme constante à cette étape :

$$P_i = P_0 + \left.\frac{dP}{dz}\right|_i * dz \tag{20}$$

En deuxième étape, le calcul du gradient de la pression suivant r nous permet de calculer la pression dans chaque point (i, j) :

$$P_{(i,j)} = P_i + \left.\frac{dP}{dr}\right|_j * dr \tag{21}$$

4.4. Cas de l'équation de la matière

Les termes diffusifs, dans cette équation, sont représentés par des schémas de discrétisation centrés de deuxième ordre et les termes convectifs sont représentés par des schémas décentrés vers l'avant du premier ordre. La discrétisation des conditions aux limites sont représentées par des schémas décentrés de second ordre.

La discrétisation de cette équation mène au système d'équations linéaires suivant :

$$A_j\, C_{(i,j-1)} + B_j\, C_{(i,j)} + C_j\, C_{(i,j+1)} = D_j \qquad j = 2,\dots,N-1 \tag{22.a}$$

$$B_N\, C_{(i,N-1)} + C_N\, C_{(i,N)} = D_N \qquad j = 1 \tag{22.b}$$

$$A_1\, C_{(i,1)} + B_1\, C_{(i,2)} = D_1 \qquad j = N \tag{22.c}$$

CHAPITRE IV

L'écriture matricielle de ce système d'équations aboutit à un système d'équation algébrique à matrice tridiagonale :

$$\begin{bmatrix} B_1 & C_1 & & & & & & \\ A_2 & B_2 & C_2 & & & & & \\ & * & * & * & & & & \\ & & * & * & * & & & \\ & & & A_j & B_j & C_j & & \\ & & & & * & * & * & \\ & & & & & * & * & * \\ & & & & & A_{N2-1} & B_{N2-1} & C_{N2-1} \\ & & & & & & A_{N2} & B_{N2} \end{bmatrix} \begin{bmatrix} X_{(i,1)} \\ X_{(i,2)} \\ * \\ X_{(i,j-1)} \\ X_{(i,j)} \\ X_{(i,j+1)} \\ * \\ X_{(i,N2-1)} \\ X_{(i,N2)} \end{bmatrix} = \begin{bmatrix} D_1 \\ D_2 \\ * \\ * \\ D_j \\ * \\ * \\ D_{N2-1} \\ D_{N2} \end{bmatrix}$$

$i = 2, \ldots, M2 - 1$ \hfill (23)

avec :

$$A_j = \frac{-Vr_{i,j}}{\Delta r_{j-1}} + \frac{-1}{Sc\ Re\ \Delta r_{j-1}^2} + \frac{1}{Sc\ Re\ 2\ \Delta r_{j-1}\ r_j}$$

$$C_j = \frac{-1}{Sc\ Re\ \Delta r_{j-1}^2} + \frac{-1}{Sc\ Re\ 2\ \Delta r_{j-1}\ r_j}$$

$$B_j = \frac{Vr_{i,j}}{\Delta r_{j-1}} + \frac{2}{Sc\ Re\ \Delta r_{j-1}^2} + \frac{Vz_{i,j}}{\Delta z} + \frac{2}{Sc\ Re\ \Delta z^2}$$

$$D_j = \left(\frac{Vz_{i,j}}{\Delta z} + \frac{1}{Sc\ Re\ \Delta z^2} \right) C_{i-1,j} + \frac{1}{Sc\ Re\ \Delta z^2} C_{i+1,j}$$

j variant de 2 à N2-1.

Pour j=1 et j=N2 :

$B_1 = 3$

$C_1 = -4$

$D_1 = -C_{i,j+2}$

$A_{N2} = 4 A_{N2-1} + B_{N2-1}$

$B_{N2} = \left(-3 + 2 Vr_{i,N} \Delta r_{N2-1} Sc\ Re\right) A_{N2-1} + C_{N2-1}$

$D_{N2} = D_{N2-1}$

Enfin, pour i=M2 et pour j variant de 1 à N2 on utilise simplement la formule :

$C_{M2,j} = \left(4 C_{M2-1,j} - C_{M2-2,j}\right)/3$

5. PRINCIPE DE LA METHODE DE RESOLUTION

La résolution numérique des équations précédentes nécessite la mise au point des séquences de calcul et le choix d'une méthode de résolution.

5.1. Séquence de calcul

Les programmes de calcul élaborés nous permettent de déterminer dans un tube à paroi poreuse : soit le champ hydrodynamique dans le cas d'un écoulement d'un fluide pur, soit le champ hydrodynamique et le champ de concentration dans le cas d'un fluide chargé de particule. Dans la suite, nous donnons les séquences de calcul et le choix des critères de convergences pour chaque programme.

CHAPITRE IV

5.1.1. Détermination du champ hydrodynamique dans le cas d'un écoulement d'un fluide pur

La résolution des équations de conservation de quantité de mouvement dans le domaine numérique utilisé est obtenue en utilisant un maillage régulier.

L'organigramme de calcul est donné sur la figure 4.

Le processus de calcul se répète jusqu'à ce que le changement des valeurs de Vz entre deux itérations successives satisfasse le critère suivant :

$$\frac{\sum_i \sum_j \left(Vz_{i,j}^{new} - Vz_{i,j}^{old}\right)^2}{\sum_i \sum_j \left(Vz_{i,j}^{old}\right)^2} \leq \varepsilon \qquad (24.a)$$

ε prend la valeur 10^{-5}.

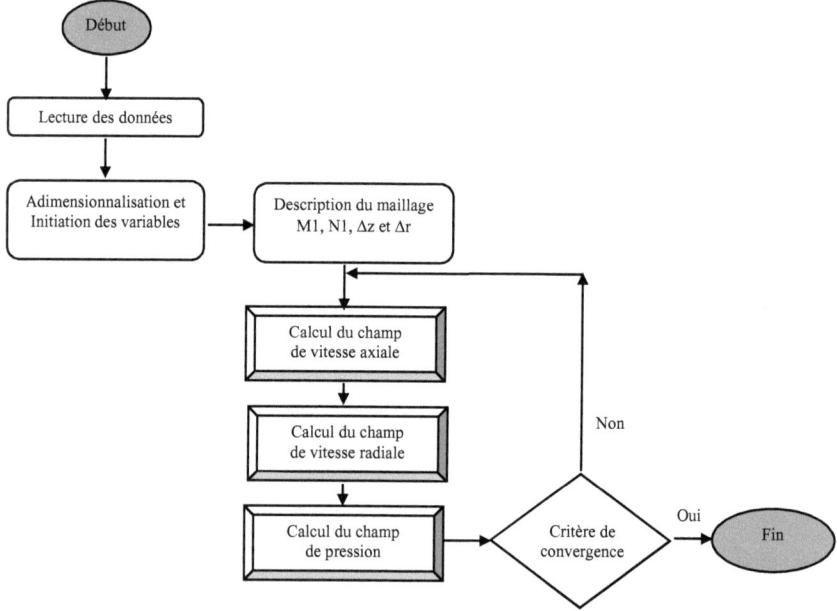

Figure 4: Organigramme de calcul dans le cas d'un fluide pur.

5.1.2. Détermination des champs hydrodynamique et de concentration dans le cas d'un fluide chargé de particules

La couche limite de transfert de masse à proximité de la paroi perméable est très mince donc un maillage très raffiné doit être employé près de cette paroi pour obtenir les profils de concentration. La résolution numérique des équations de conservation de quantité de mouvement est obtenue en utilisant un maillage régulier non raffiné près de la paroi perméable pour garder un temps de calcul minimum. Ce travail a fait l'objet d'un article qui sera publié en 2004 (Damak et al. (2004)). Une stratégie numérique a été suivie. Cette stratégie numérique est formée de trois étapes :

Etape I : Résolution des équations de conservation de quantité de mouvement dans le domaine numérique en utilisant un maillage régulier (figure 2).

Etape II : L'interpolation des composantes de la vitesse sur la nouvelle grille (figure 3), très raffinée près de paroi de la membrane, en utilisant la fonction d'interpolation de deux variables « interp2 » fournie par MATLAB.

Etape III : Résolution de l'équation du transport de matière en utilisant un maillage raffiné.

L'organigramme de calcul est donné sur la figure 5.

Le processus de calcul se répète jusqu'à ce que le changement des valeurs de Vz et C entre deux itérations successives satisfasse le critère suivant :

$$\frac{\sum_i \sum_j \left(\phi_{i,j}^{new} - \phi_{i,j}^{old}\right)^2}{\sum_i \sum_j \left(\phi_{i,j}^{old}\right)^2} \leq \varepsilon \qquad (24.b)$$

où ϕ désigne soit la vitesse Vz soit la concentration C et ε prend la valeur 10^{-5}.

CHAPITRE IV

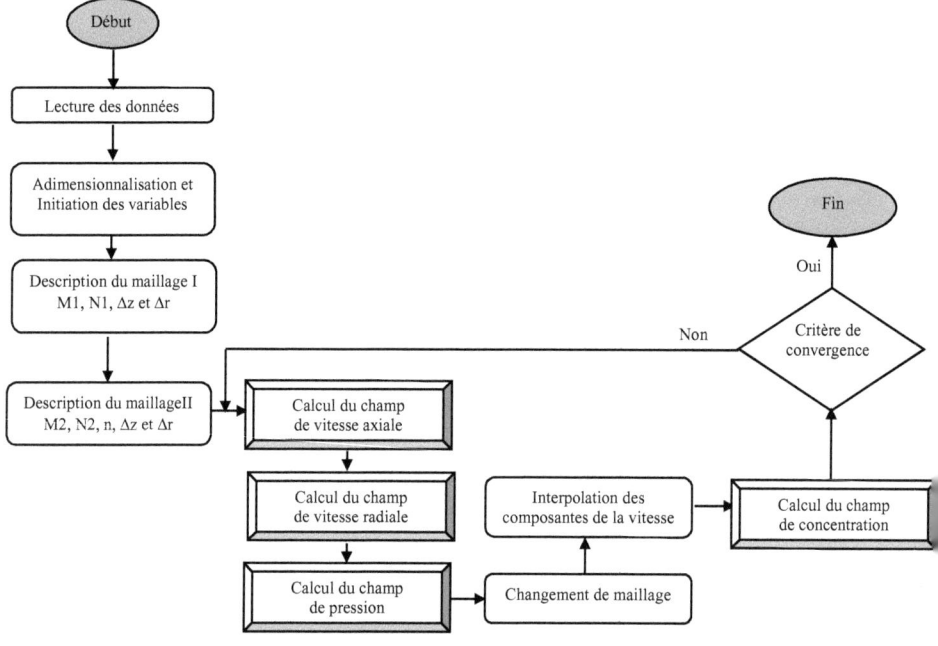

Figure 5: Organigramme de calcul dans le cas
d'un fluide chargé de particules.

5.2. Résolution des équations

Les équations différentielles (III.10-12) ainsi que les conditions aux limites (III.13-16) qui leur sont associées ont été transformées en équations algébriques linéaires (IV.14, IV.17, IV.22) que l'on peut écrire sous forme de matrice (IV.16, IV.19, IV.23) avec comme seules inconnues la vitesse axiale Vz, la vitesse radiale Vr et la concentration C.

Les systèmes d'équations mentionnés ci-dessus peuvent être résolues par différentes méthodes parmi lesquelles nous avons choisi une méthode basée sur l'algorithme de Thomas

(Sibony et Mardon, 1988), qui s'adapte mieux au résolution des matrices tridiagonales, pour la résolution du système d'équations de transfert de matière (IV.22), et une méthode d'élimination de Gauss (Sibony et Mardon, 1988) qui s'adapte bien à la résolution des systèmes d'équations (IV.14) et (IV.17).

6. GRANDEUR CARACTERISTIQUE DANS LE CAS D'UN FLUIDE CHARGE – NOMBRE DE SHERWOOD

La densité de flux de matière entre la surface membranaire et le fluide en écoulement peut s'écrire :

$$j_w = -D \left.\frac{\partial C}{\partial r}\right|_S = k_c (C_0 - C_S) \tag{25}$$

avec

D : coefficient de diffusion massique du soluté,

k_c : coefficient de transfert de masse,

C_S : la concentration à la surface de la membrane,

C_0 : la concentration initiale,

$\left.\frac{\partial C}{\partial r}\right|_S$: le gradient radial de la concentration à la surface de la membrane.

Le nombre de Sherwood caractérisant les transferts convectifs entre le fluide et la surface perméable (Sherwood et all. 1975), est défini par :

$$Sh = \frac{k_c\, d}{D} \tag{26}$$

CHAPITRE IV

L'introduction des variables adimensionnelles, définies dans le chapitre précédent, conduit à l'expression suivante :

$$Sh = \frac{-\left.\frac{\partial C}{\partial r}\right|_S}{1 - C_S} \qquad (27)$$

la discrétisation du terme $\left.\frac{\partial C}{\partial r}\right|_S$ est réalisé à l'aide d'un schéma aux différences finies retardé de deuxième ordre, ce qui nous permet de calculer le nombre de Sherwood local par la relation suivante :

$$Sh = \frac{-1}{1 - C_{i,N2}} \frac{3 C_{i,N2} - 4 C_{i,N2-1} + C_{i,N2-2}}{2 \Delta r} \qquad (28)$$

7. CONCLUSION

Nous avons développé une méthode numérique aux différences finies pour modéliser l'écoulement dans un tube à paroi perméable de filtration tangentielle. En première étape cette modélisation permet la détermination de la distribution de vitesse, de pression pour un fluide pur et en deuxième étape elle permet la détermination de la distribution de vitesse, de pression de la concentration pour un fluide chargé de particules, en fonction des conditions de filtration.

RESULTATS ET DISCUSSIONS

CHAPITRE V

1. INTRODUCTION

Nous avons mis au point un code de calcul sous environnement Matlab qui permet la détermination des profils des champs de vitesse, de pression et de concentration. En première étape nous présentons la structure du code de calcul, puis une validation du code est assurée. Nous exposons ensuite les résultats du calcul dans le cas d'un fluide pur et dans le cas d'un fluide chargé.

2. CODE DE CALCUL

Ce code est composé principalement de trois parties permettant la saisie des données, la résolution des équations considérées et l'affichage des résultats. La première partie, dite de saisie ou pré-processeur, est structurée en sous-parties permettant le suivi interactif des paramètres géométriques (figure 1), des paramètres physiques (figure 2-3), des paramètres de maillage relatifs au calcul du champ hydrodynamique (figure 4) et le calcul de la concentration (figure 5) et en fin des paramètres de résolution (figure 6).

Cette procédure procure une souplesse d'utilisation du code de calcul et permet l'étude paramétrique et la détermination de la sensibilité du système étudié.

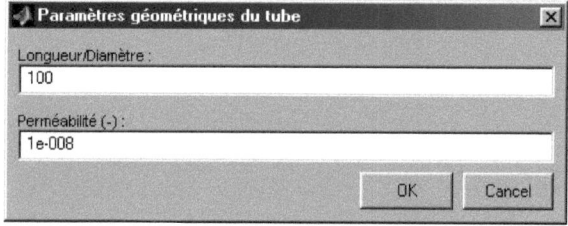

Figure 1 : Définition des paramètres du tube.

CHAPITRE V

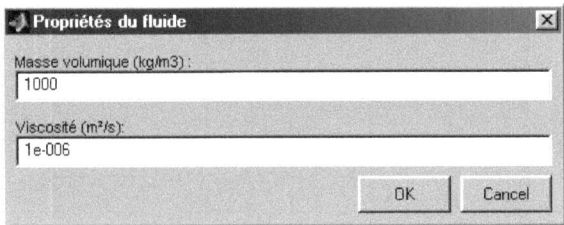

Figure 2 : Propriétés physiques du fluide.

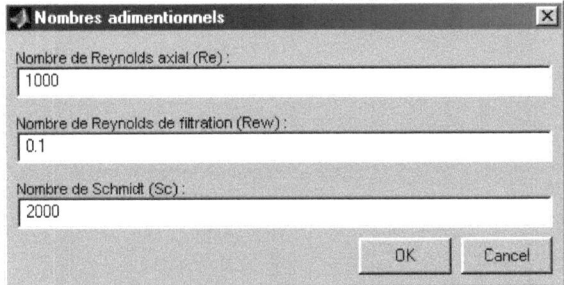

Figure 3 : Définition des nombres adimensionnels.

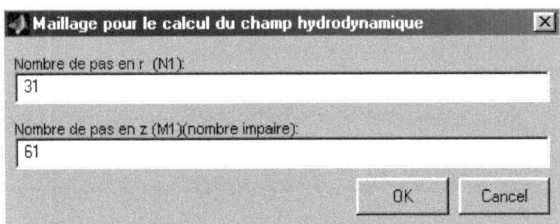

Figure 4 : Définition des paramètres de maillage pour le calcul du champ hydrodynamique.

CHAPITRE V

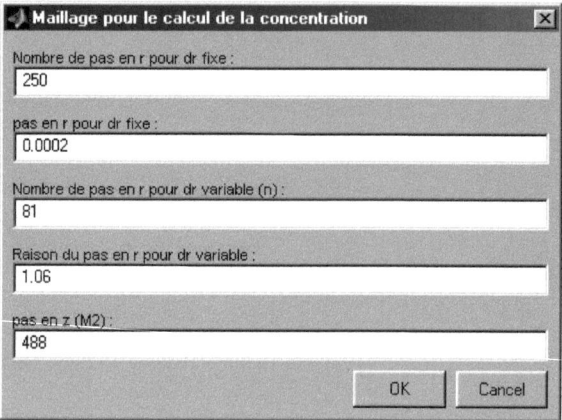

Figure 5 : Définition des paramètres de maillage pour le calcul du champ de concentration.

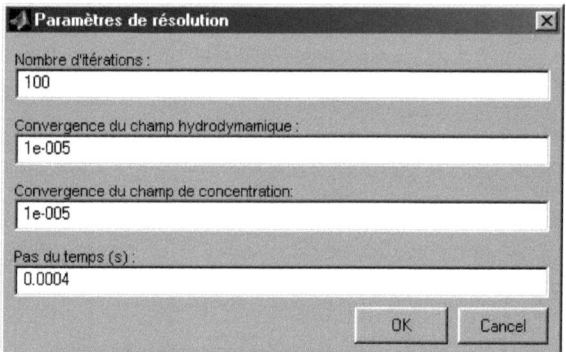

Figure 6 : Paramètres de résolution.

3. TESTS SUR LE MODELE NUMERIQUE

Le premier test à effectuer c'est la comparaison de nos résultats à ceux obtenus par méthode analytique dans le cas d'un écoulement de Poiseuille. Ensuite, les résultats numériques sont comparés au résultats expérimentaux déterminés par Gouverneur (1991) dans le cas d'une vitesse de perméation non nul. L'ensemble de ces tests va permettre de s'assurer de l'efficacité du code de calcul que nous avons développé.

3.1. Ecoulement de Poiseuille

Avant d'effectuer l'investigation de l'écoulement laminaire en tube poreux avec aspiration pariétale à l'aide de notre code de calcul aux différences finies, nous avons contrôlé la validation du modèle et de la méthode numérique en se référant à un écoulement de type Poiseuille dans un tube de longueur z et de diamètre d. En effet, si nous supposons que la paroi du tube est lisse et imperméable, la chute de pression d'un fluide, de vitesse axiale moyenne à l'entrée du tube Vz_0, est donnée par l'expression suivante :

$$\Delta P = \frac{32 \, \mu \, Vz_0 \, z}{d^2} \tag{1}$$

Pour les différents nombres de Reynolds *Re (figure 7)* les résultats, obtenus pour *Rew* nul, présentent un bon accord quantitatif avec ceux déduits de la relation précédente.

CHAPITRE V

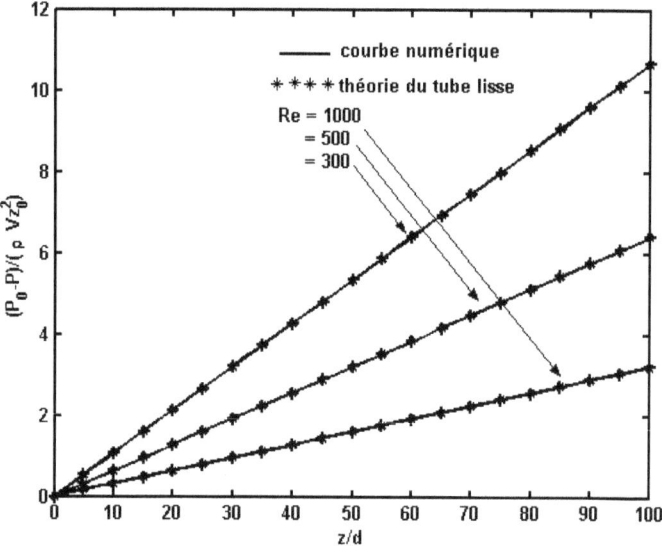

Figure 7 : Evolution de perte de charge en tube lisse (Rew=0)

3.2. Validation expérimentale

Quand le tube est le siège d'une transpiration pariétale, la relation (1) n'est plus valable puisque *Rew* n'est plus nul. En effet, lorsqu'il y a transfert de masse à travers la paroi poreuse, le profil de vitesse ne garde pas le profil parabolique de Poiseuille. Le profil de la vitesse dans ce cas est caractérisé par un maximum qui décroît par rapport à la valeur initiale à l'entrée du tube (figure 8). Cette décroissance dépend du débit à travers la paroi poreuse puisque $Q_0=Q_s+Q_w$. Les résultats numériques obtenus dans ce cas seront comparés aux résultats expérimentaux obtenus par Gouverneur (1991). Le dispositif expérimental est constitué essentiellement d'un tube poreux en céramique de 3 centimètres de diamètre intérieur et de 1 centimètre d'épaisseur de paroi. Le respect des conditions de similitude hydrodynamique nécessite l'emploi d'un fluide de viscosité cinématique de 50 centipoises (50 fois la viscosité cinématique de l'eau), le fluide choisi est une huile silicone de densité voisine de celle de l'eau.

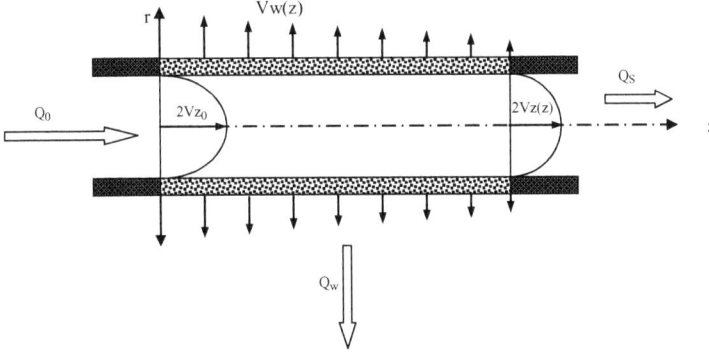

Figure 8 : Profils de référence

Le profil de la vitesse axiale est mesuré en aval à travers un tube en plexiglas en utilisant une vélocimétrie laser Doppler. Cette méthode a permis à l'auteur de supposer que le profil obtenu à l'extérieur du tube poreux est supposé identique à celui qui existe dans le tube poreux juste avant l'extrémité avale.

Les mesures sont effectuées pour différents nombres de Reynolds axial (Re) et radial (Rew), variables dans une plage correspondent à un rapport Re/Rew de 10 000 à 150, avec un tube de longueurs $L = 0.5\ m$.

Les résultats numériques sont confrontés aux mesures expérimentales sur la figure 9 où le terme $Vzmax$ désigne la composante maximale de la vitesse axiale à la sortie du tube ($z=L$). Cette figure montre qu'il y'a un très bon accord entre les résultats expérimentaux de Gouverneur et les résultats obtenus par notre code de calcul avec une erreur qui ne dépasse pas 1%.

CHAPITRE V

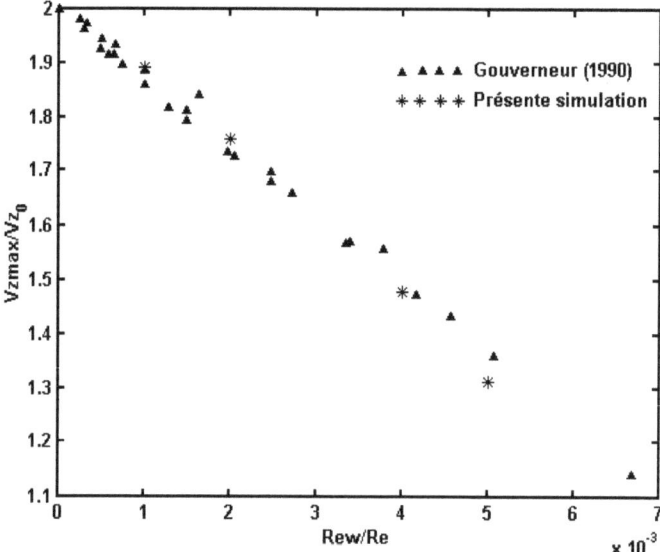

Figure 9 : Evolution de la vitesse adimensionnelle

au centre du tube de longueur 0.5 m

Compte tenu de ces tests, on peut conclure que le code de calcul développé, muni des conditions limites proposées, peut décrire correctement l'écoulement laminaire d'un fluide newtonien en tube à paroi poreuse perméable.

4. RESULTATS

Le code de calcul permet de réaliser la modification de façon interactive d'un ensemble de paramètres. Le tube considéré est de longueur égale à 100 fois la valeur du diamètre et de paroi de perméabilité adimensionnelle supposée constante et est égale à 10^{-8}. Les différents résultats présentés ci-après correspondent à un fluide pur et à un fluide chargé de particules.

Dans le premier cas les nombres de Reynolds axial *Re* compris entre 300 et 1000 et des nombres de Reynolds radial *Rew* variant entre 0.1 et 0.3, dans le second cas les de nombre de Reynolds axial *Re* compris entre 300 et 1000, des nombres de Reynolds radial *Rew* variant entre 0.02 et 0.3 et des nombres de Schmidt *Sc* variant entre 600 et 3200.

Les systèmes d'équations algébriques, résultant de la discrétisation, sont résolus en utilisant le maillage convenable de notre domaine d'étude. La détermination du maillage optimum qui représente un bon compromis entre le critère de stabilité et une occupation mémoire acceptable nous a conduit à retenir un maillage de 61*81 points pour la résolution de l'équation de quantité de mouvement et un maillage au moins de 201*81 pour la résolution de l'équation de la matière. Ce choix est justifié par une étude comparative des profils, de vitesse et de concentration, déterminés pour différents maillages.

4.1. Cas d'un fluide pur - Champ Hydrodynamique

Les résultats sont présentés sous la forme des profils de vitesse d'écoulement, de perte de charge et de vitesse de filtration.

4.1.1. Evolution de la vitesse axiale et radiale

La composante axiale de la vitesse de l'écoulement est fortement influencée par la valeur de Rew c'est à dire par la vitesse de perméation. En effet, elle décroît le long du tube (figure 10) et cette décroissance est d'autant plus prononcée que le nombre *Rew* est élevé. Une étude comparative de l'évolution de l'écoulement dans un tube, dont la paroi est imperméable avec celui observé en présence d'une paroi poreuse, montre que la pénétration de l'eau à travers la paroi du tube s'accompagne d'une modification du profil de vitesse (figures 11). Ce dernier, supposé être décrit à l'entrée du tube par un profil parabolique, subit une modification d'autant plus importante que le nombre *Re* soit faible.

Les figures 12 montrent l'évolution de la vitesse radiale en fonction de la coordonnée axiale r/R pour différentes valeurs de *Re* et *Rew*. Ces figures montrent que la vitesse radiale augmente jusqu'à atteindre une valeur maximale située près de la paroi. Cette évolution semble être liée à la géométrie cylindrique de la membrane comme déjà mentionnée Granger (1986). Elle n'existe pas dans une géométrie bidimensionnelle comme le montre les travaux de Huang (1999).

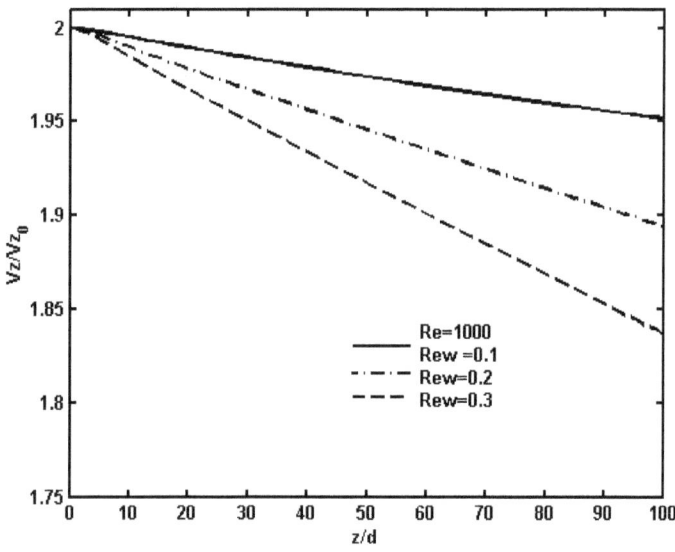

Figure 10 a : Evolution de la vitesse sur l'axe du tube.

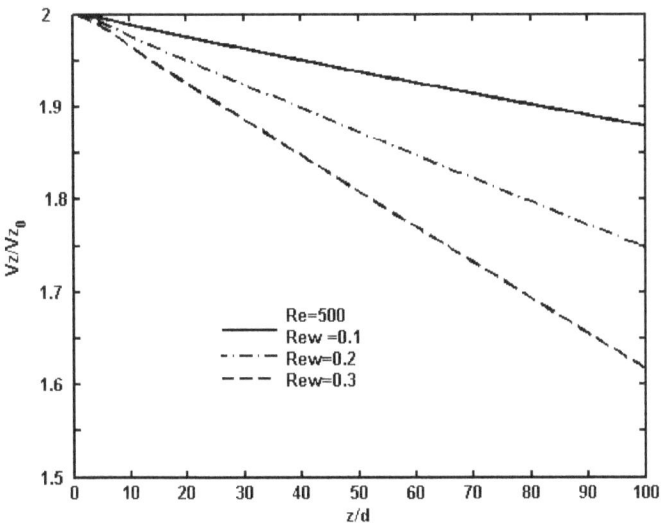

Figure 10 b : Evolution de la vitesse sur l'axe du tube.

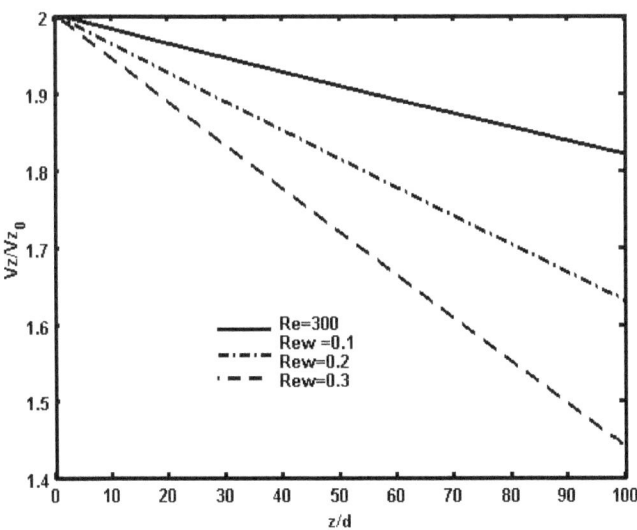

Figure 10 c: Evolution de la vitesse sur l'axe du tube.

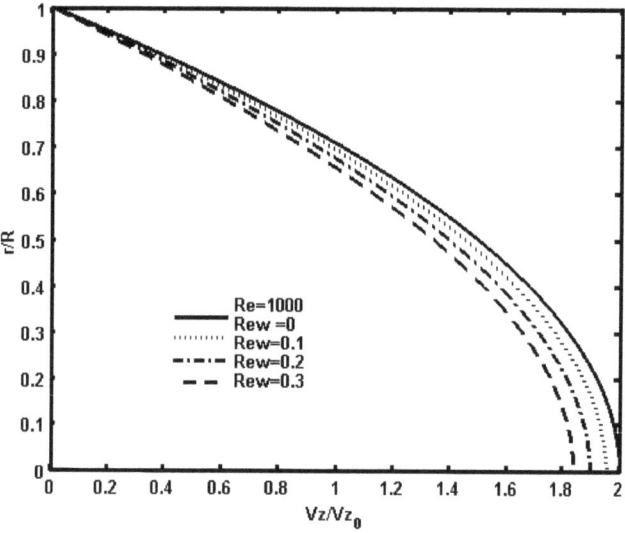

Figure 11a : Profils de la vitesse axiale à la sortie du tube poreux, Re=1000.

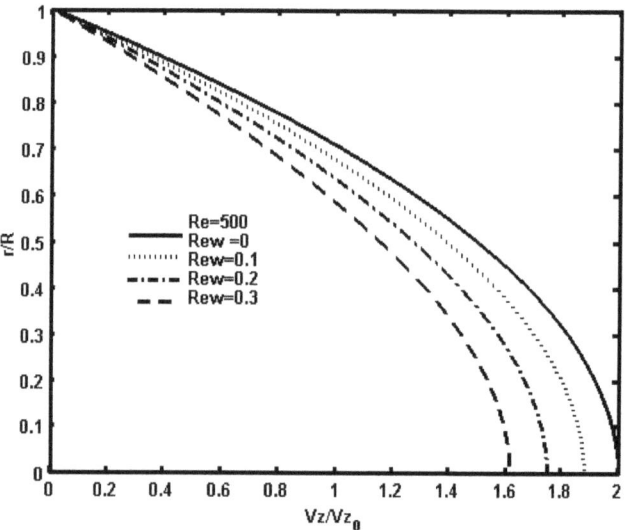

Figure 11b : Profils de la vitesse axiale à la sortie du tube poreux, Re=500

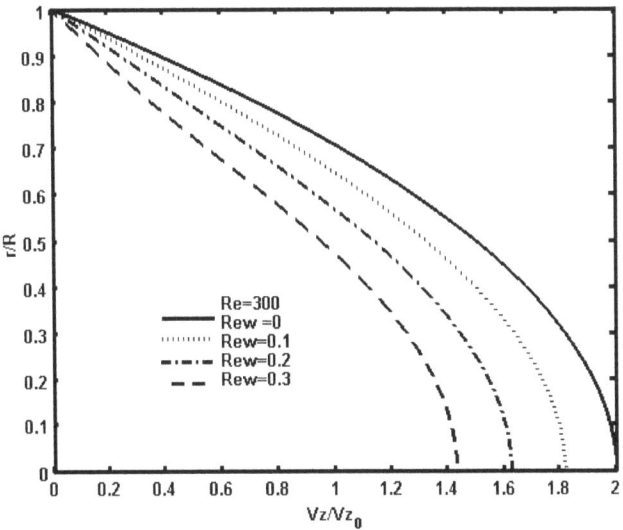

Figure 11c : Profils de la vitesse axiale à la sortie du tube poreux, Re=300.

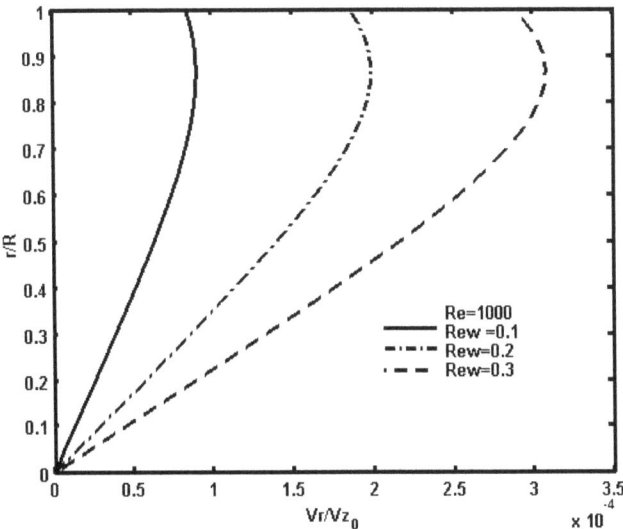

Figure 12a : Profil de la vitesse radiale, Re=1000 et z=L/2.

CHAPITRE V

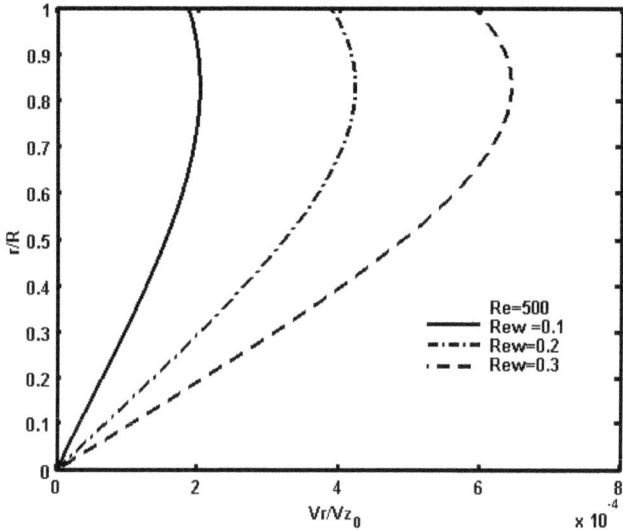

Figure 12b : Profil de la vitesse radiale, Re=500 et z=L/2.

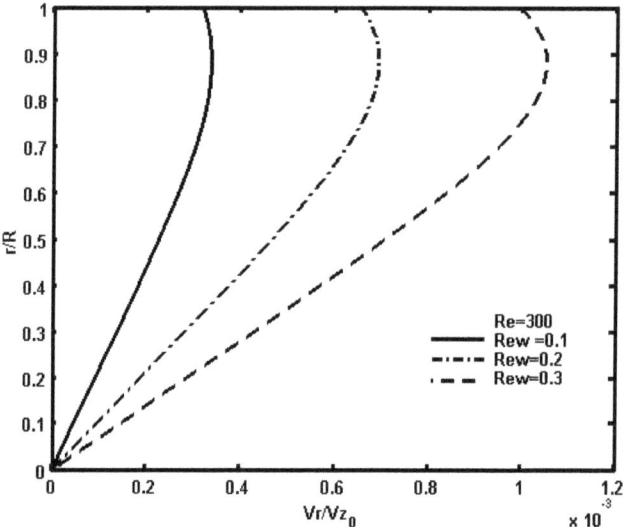

Figure 12c : Profil de la vitesse radiale, Re=300 et z=L/2.

4.1.2. Evolution axiale et radiale de la perte de charge

Les figures 13 représentent l'évolution de la perte de charge axiale le long du tube. On remarque que cette perte diminue lorsque le nombre *Rew* augmente. En effet, la filtration provoque une modification du profil et de l'intensité de la vitesse dans le tube (figure 14). Il s'ensuit une modification du champ de pression donc du gradient de pression longitudinale.

Notons que la filtration n'affecte pas de façon notable le gradient de pression radiale (figure 15). Il est à noté que l'approximation de négliger le gradient radial de pression a été utilisé par plusieurs auteurs pour des modèles simplifiés (Berman 1953, Lee and Clarc 1998).

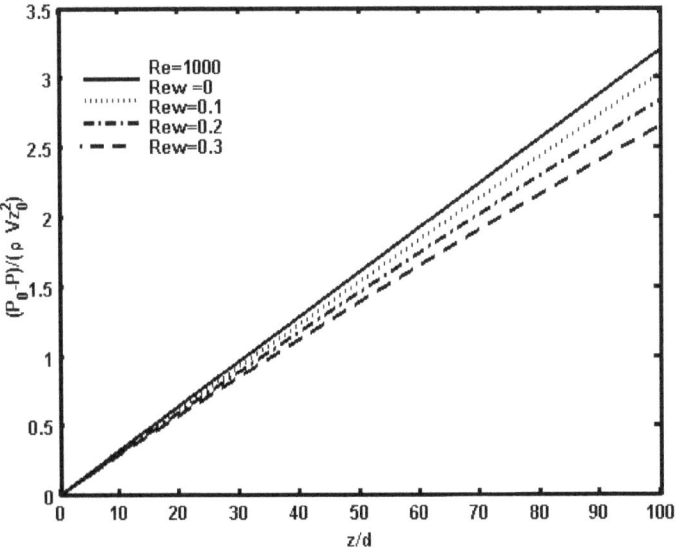

Figure 13a : Variations axiales de la perte de charge, Re=1000.

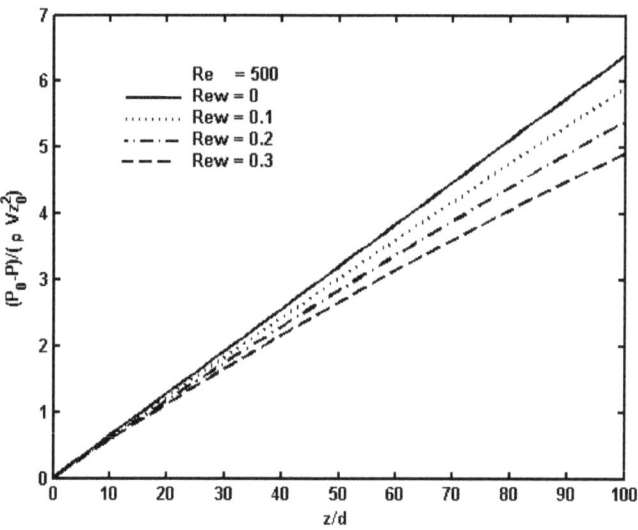

Figure 13b : Variations axiales de la perte de charge, Re=500.

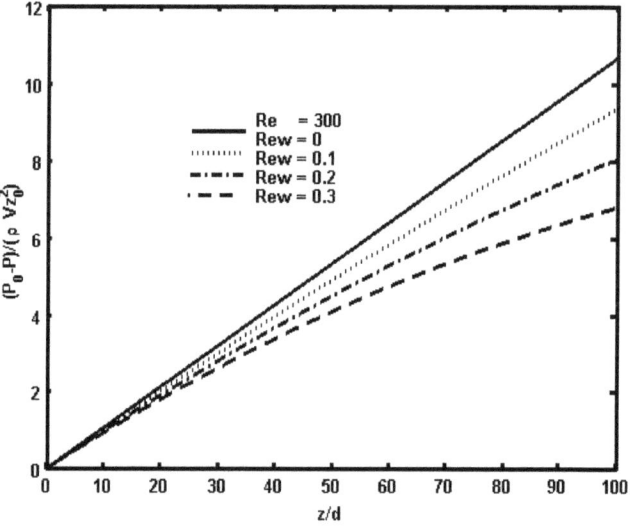

Figure 13c : Variations axiales de la perte de charge, Re=300.

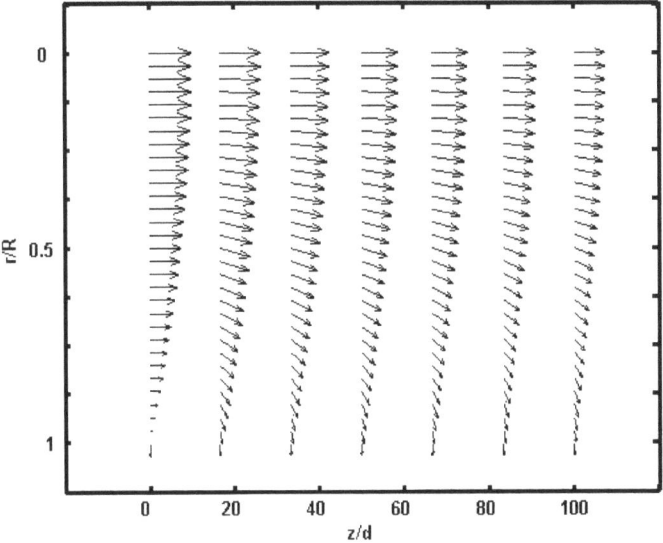

Figure 14 : Champ de vitesse dans un tube à paroi poreuse, Re=300 et Rew=0.3.

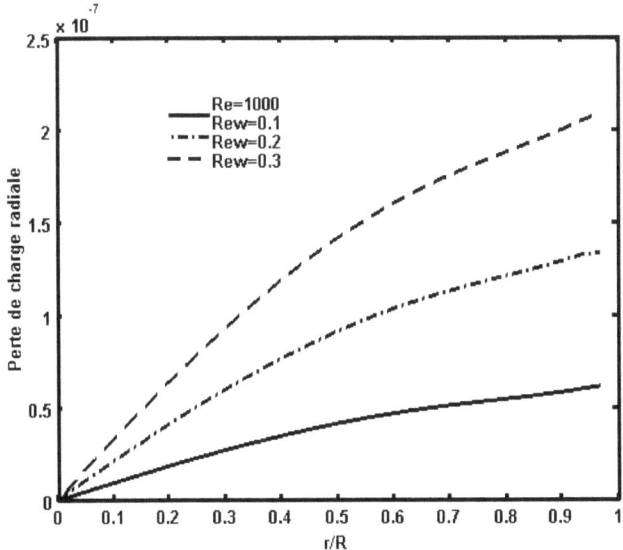

Figure 15.a : Perte de charge radiale à z=L/2 et Re=1000.

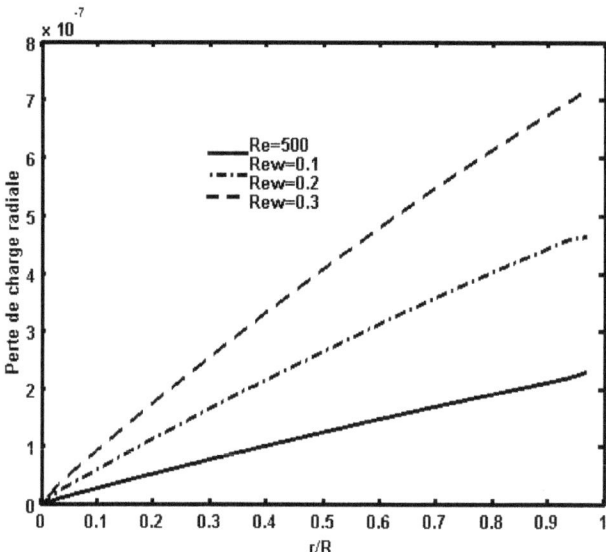

Figure 15b : Perte de charge radiale à z=L/2 et Re=500.

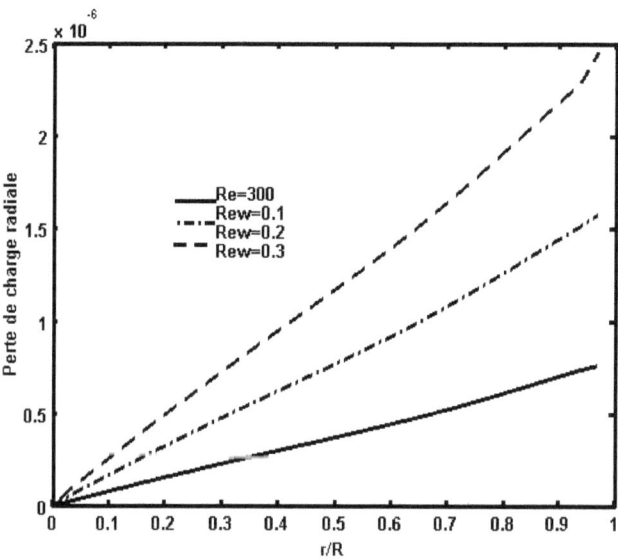

Figure 15c : Perte de charge radiale à z=L/2 et Re=300.

CHAPITRE V

4.1.3. Evolution de la vitesse de perméation

Contrairement à l'hypothèse avancée par plusieurs chercheurs (G. Belfort, Nagata N. 1985) qui considèrent une vitesse de perméation Vw constante, nos calculs montrent que les valeurs de celle-ci dépendent de la position axiale et que son évolution est linéaire (figures 16). En effet, cette vitesse décroît au fur et à mesure que l'écoulement progresse dans le tube parce que le gradient de pression à la paroi du tube diminue dans le sens de l'écoulement. Cette variation est indépendante du Re c'est à dire de la vitesse d'entrée. En plus cette variation est indépendante de la position le long du tube. Ceci peut être expliqué par le fait que la diminution de la pression le long du tube a peu d'influence sur la vitesse de perméation.

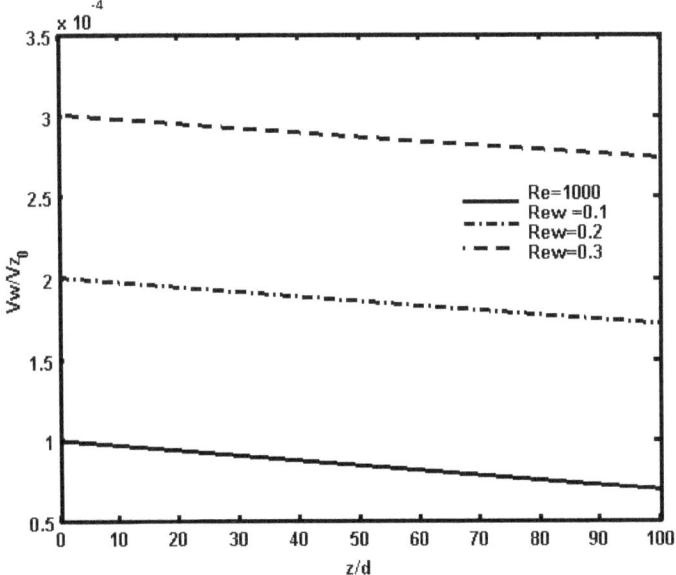

Figure 16a : Variation axiale de la vitesse de perméation pour Re=1000.

CHAPITRE V

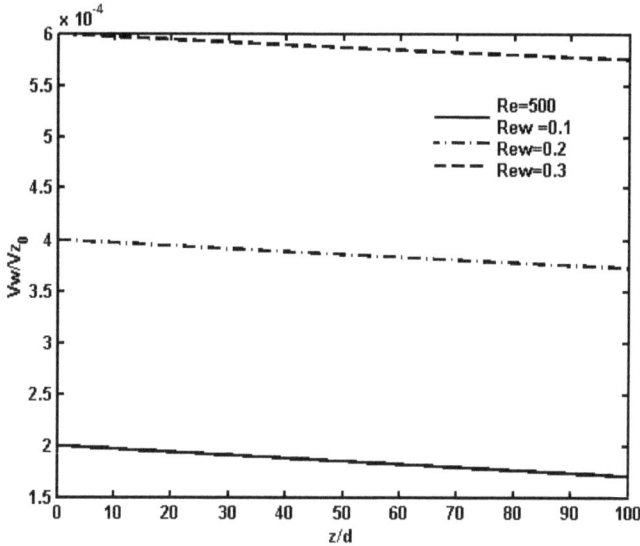

Figure 16b : Variation axiale de la vitesse de perméation pour Re=500.

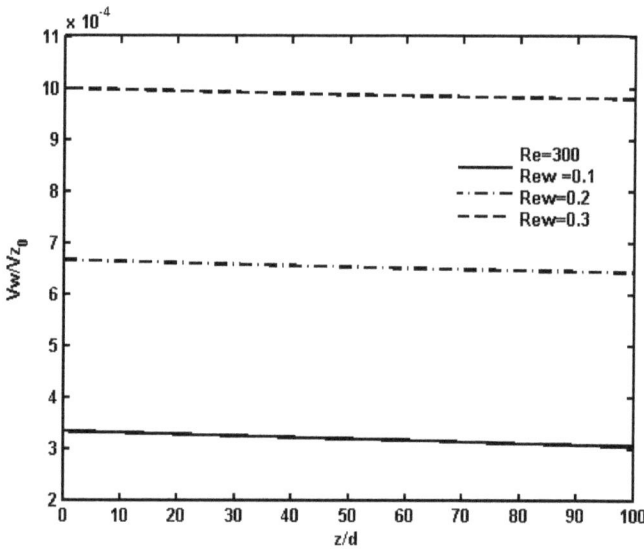

Figure 16c : Variation axiale de la vitesse de perméation pour Re=300.

4.1.4. Profil de la vitesse

Comme il est prévisible, le phénomène d'aspiration perturbe l'écoulement établi de Poiseuille et par conséquent il modifie la forme initialement parabolique du profil de vitesse axial (Vz). Quelques modèles ont supposé que le profil de Poiseuille soit toujours valable en présence de vitesse de perméation faible. Donc il est intéressant d'évaluer quantitativement l'effet des paramètres sans dimension Re et Rew, caractérisant l'écoulement, sur le profil de la vitesse axiale. Nous avons confronté la forme du profil obtenu dans le tube poreux au profil parabolique de Poiseuille qui s'établit dans un tube lisse. A cette fin, un paramètre de forme, nommé E, est utilisé pour caractériser la déviation relative entre le profil de la vitesse axiale Vz et le profil de Poiseuille Vz_p. Ce paramètre de forme est défini comme suit :

$$E = \frac{\|Vz - Vz_p\|}{\|Vz_p\|} \qquad (2)$$

où la norme vectorielle est utilisée.

La valeur maximale du paramètre de forme le long de la membrane est tracée dans la figure 17 en fonction de Re/Rew. On peut voir que Emax est directement dépendante de l'intensité relative de la succion. Ainsi l'hypothèse d'un profil de Poiseuille est une approximation raisonnable étant donnée que Re/Rew est très grand.

En plus, pour un écoulement donné E_{max} augmente lorsque la perméation croît, ce qui peut s'expliquer par l'importance relative croissante de la ponction effectuée par les parois sur le débit principal. Les lignes de courant, qui sont des lignes parallèles à l'axe de révolution dans le cas d'un écoulement de poiseuille, sont donc de plus en plus déviées dans le cas où le tube serait le siège d'une aspiration pariétale (Figure18).

CHAPITRE V

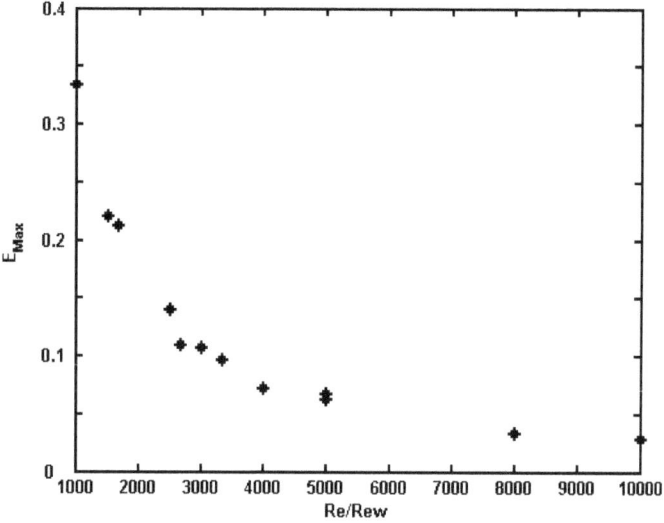

Figure. 17: Variation du maximum du paramètre de forme.

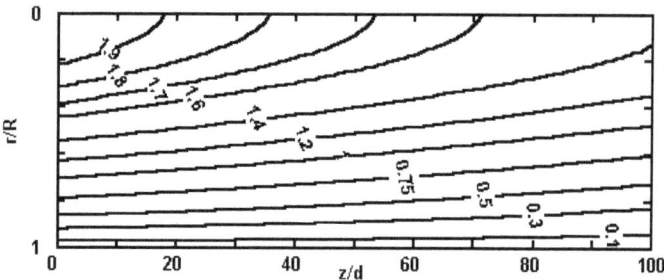

Figure 18 : Contour de vitesse pour Re=300 et Rew=0.3.

CHAPITRE V

4.2. Cas d'un fluide chargé de particules

Les résultats sont présentés sous la forme d'une étude de variation, en fonction des nombres de Schmidt, Reynolds axial et Reynolds de perméation, des profils de concentration et de l'épaisseur de la couche limite de concentration. Celle-ci est identifiée à la distance entre la surface de la membrane et l'emplacement où le rapport $C - C_0 / C_0$ soit inférieur ou égal à 10^{-3} (Y. lee 1997). L'ensemble des résultats obtenus est exploité ensuite pour déterminer d'une part, l'évolution de l'épaisseur de la couche limite de concentration, et d'autre part de l'évolution locale du nombre de Sherwood.

4.2.1. Distribution de la matière dans le tube

Les profils de concentration sont tracés en fonction de (z/d, r/R) pour Re=1000, Rew=0.1 et Sc=1000 (figure 19). La figure montre qu'il n'y a de variations que près de la paroi poreuse. Ceci traduit le fait que les particules sont convectivement conduites à la surface de la membrane où elles s'accumulent. Un gradient de concentration prend alors naissance dans le milieu et induit un flux diffusif. Il apparaît ainsi une couche de polarisation très mince dans laquelle se localise la variation de la concentration. Numériquement ceci justifie l'adaptation, dans ce domaine, d'un maillage très raffiné pour obtenir des profils de concentration assez précis.

La figure 20 montre les profils de concentration à différentes sections axiales. La concentration près de la surface de la membrane augmente avec la distance axiale. L'épaisseur de la couche limite de concentration augmente essentiellement dans le domaine situé entre l'entrée du tube et 30*d (Figure 21).

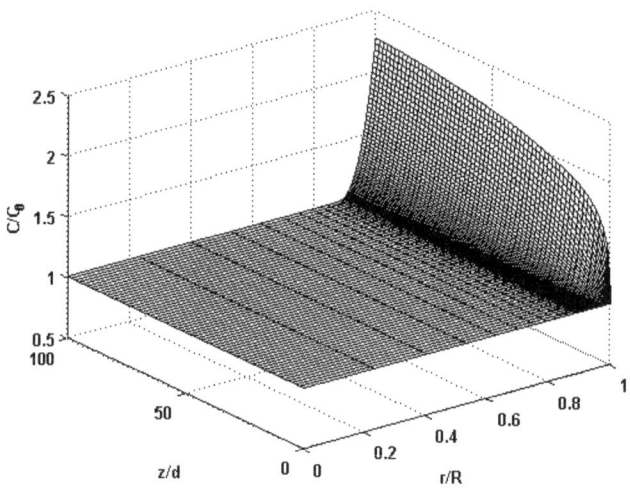

Figure 19 : Profils de concentration pour Sc=1000, Re=1000 et Rew=0.1

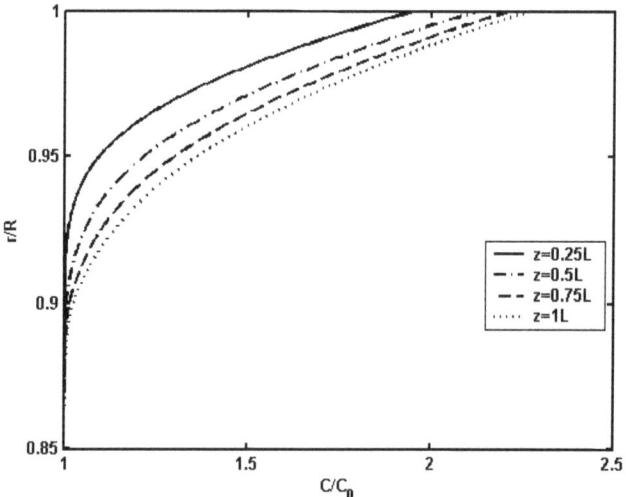

Figure 20 : Profils radiaux de concentration le long de l'axe-z
(Sc =1000, Re =1000, Rew =0.1)

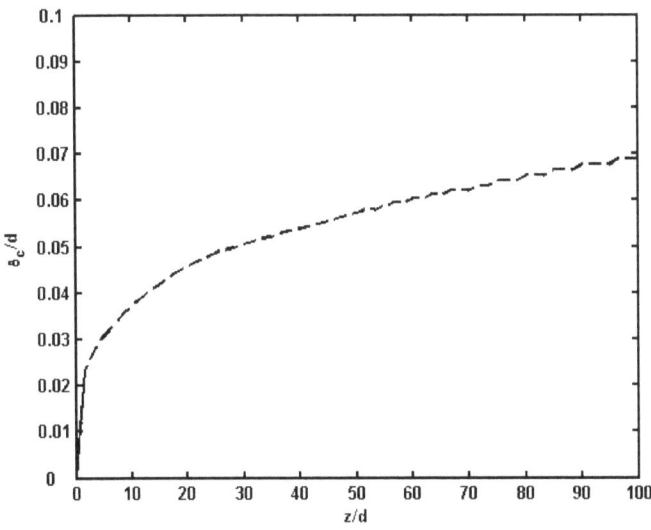

Figure 21 : Variation de l'épaisseur locale de concentration le long de la longueur du tube (Sc=1000, Re=1000 et Rew =0.1).

Le nombre de Schmidt affecte le profil de concentration. En effet, plus celui-ci est important plus la concentration à la paroi augmente : l'augmentation du nombre de Schmidt traduit la réduction de la tendance des particules à diffuser vers l'axe de l'écoulement et par suite la diminution de l'épaisseur de la couche limite de concentration. Les résultats numériques obtenus confirment cette analyse (figures 22 - 23).

Quand le nombre de Reynolds d'écoulement axial Re diminue, la contrainte de cisaillement diminue aussi et donc la concentration des particules à la surface de la membrane augmente (figure 24) ainsi que l'épaisseur de la couche limite de concentration (figure 25).

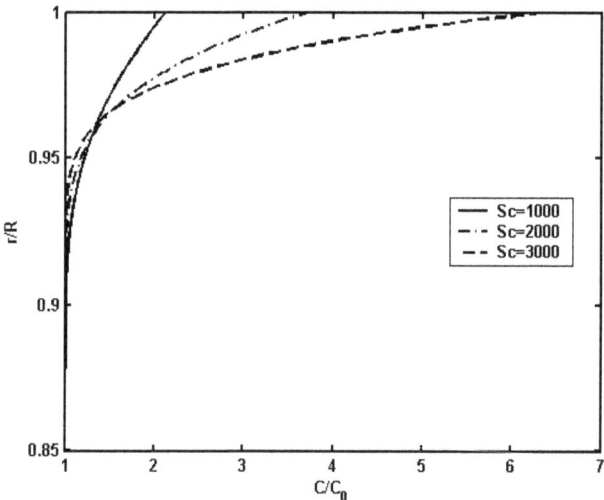

Figure 22 : Effet du nombre Sc sur le profil de concentration

(z=50d, Re=1000 et Rew=0.1).

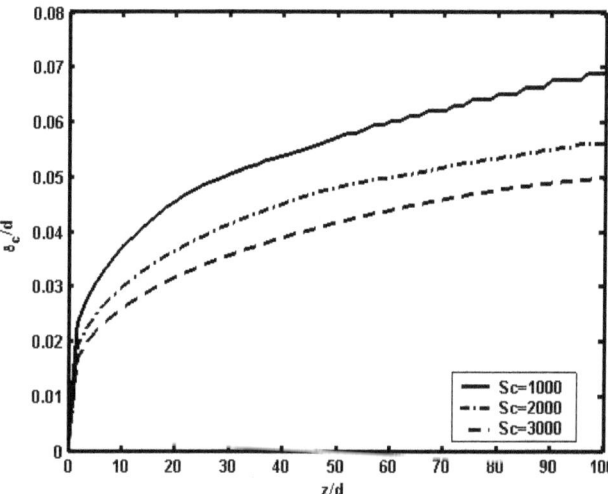

Figure 23 : Variation de l'épaisseur locale de la couche limite de concentration
(Re=1000, Rew=0.1).

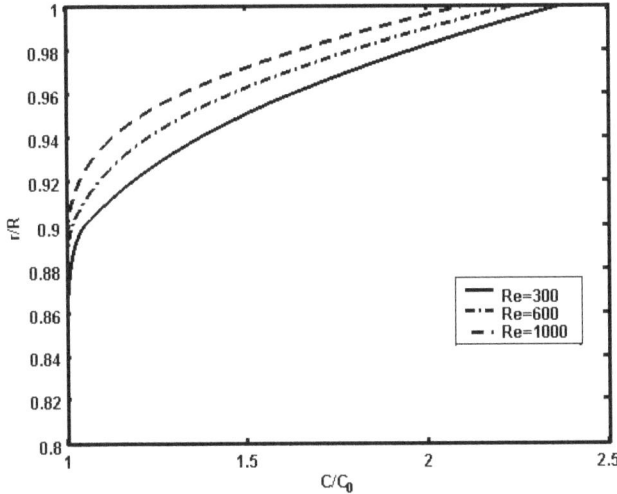

Figure 24 : Effet du nombre de Reynolds axial sur le profil de concentration
(z=50d, Sc=1000 et Rew=0.1).

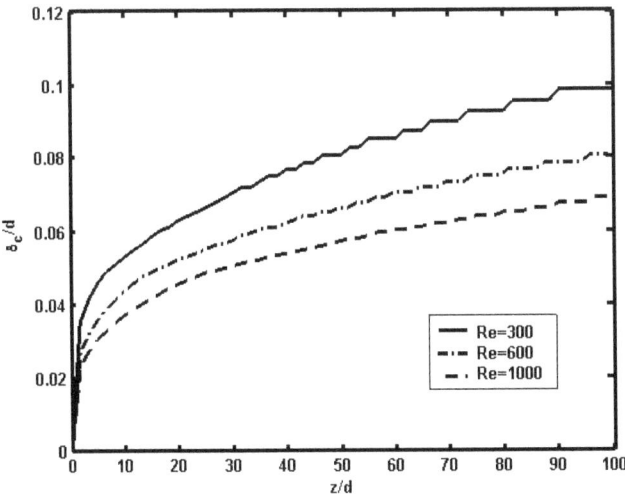

Figure 25 : Variation de l'épaisseur locale de la couche limite de concentration
(Sc=1000, Rew=0.1).

L'influence de Rew est étudiée à partir du modèle de la résistance en série (Bruin 1980 ; Lojkine 1992; Carrère 2001) dans lequel la vitesse de perméation est proportionnel à la pression transmembranaire. Ainsi, quand Rew augmente, à savoir l'augmentation de la vitesse de perméation, les particules sont convectivement déplacé vers la surface de la membrane sous l'effet de la pression transmembranaire. La figure 26 représente l'intensité de ce phénomène.

La figure 27 représente la sensibilité de l'épaisseur de la couche limite de concentration au nombre Rew. Pour l'ensemble des domaines de variation considérés, les résultats montrent que, toutes choses égales par ailleurs, l'épaisseur de la couche limite de concentration est influencée par le nombre de Reynolds de perméation. Ces résultats numériques confirment ceux obtenus par Geraldes (2001) pour décrire la variation de l'épaisseur de la couche limite de concentration de différents fluides.

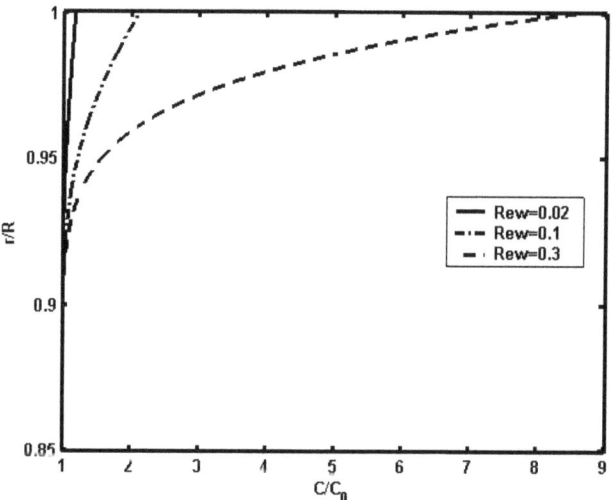

Figure 26 : Effet du Reynolds de perméation sur le profil de concentration

(z=50d, Re=1000 et Sc=1000).

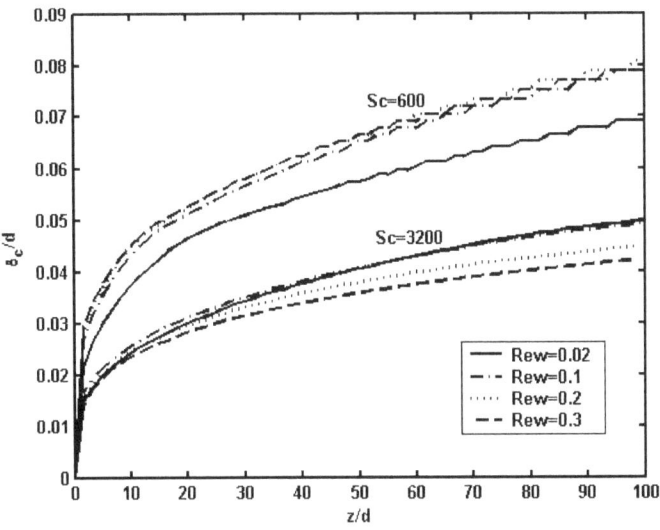

Figure 27: Variation de l'épaisseur locale de la couche limite de concentration (Re=1000).

L'ensemble de ces résultats numériques est exploité par la méthode des moindres carrées, pour développer une corrélation qui permet de déterminer la variation locale de l'épaisseur de la couche limite de concentration. Les résultats numériques obtenus peuvent être décrits par la relation suivante avec un coefficient de corrélation de 0.99 (figure 28) :

$$\delta_c/d = 2 \left(\frac{z}{d}\right)^{0.33} (Re\ Sc)^{-0.33} Rew^{-0.3} \left(1 - 0.4377\ Sc^{-0.0018}\ Rew^{-0.1551}\right) \quad (3)$$

Les conditions d'utilisation de cette corrélation sont telles que: Sc =600~3200, Re=300~1000, Rew=0.02~0.3, et z/d =0~100. Elles correspondent essentiellement au domaine de l'ultrafiltration des liquides, faiblement concentrés en particules, en régime d'écoulement laminaire dans un tube à paroi poreuse.

CHAPITRE V

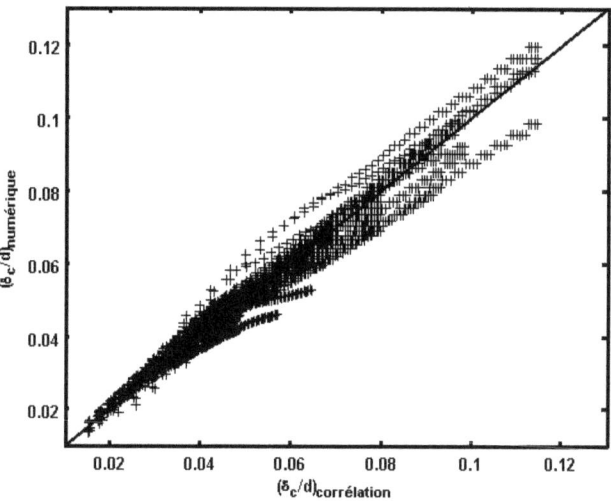

Figure 28 : Corrélation de l'épaisseur locale de la couche limite de concentration.

La littérature montre l'existence d'une corrélation qui exprime la variation de l'épaisseur locale de la couche limite de concentration, qui se forme lors d'un écoulement d'un fluide chargé de particules, entre deux plaques dont l'une est seulement perméable (Geraldes 2001) :

$$\delta_c/h = 15.5 \left(\frac{l}{h}\right)^{0.4} Re^{-0.4} Sc^{-0.63} Rew^{-0.04} \left(1 - 186 \ Sc^{-1.0} \ Rew^{-0.21}\right) \quad (4)$$

Dans cette expression h et l désignent respectivement la distance entre les deux plaques et la longueur du canal. Le domaine d'application de cette relation est très proche de celui que nous avons adopté dans ce travail et il correspond à : Sc=800~3200, Re=250~1000, Rew=0.01~0.1, et z/h=0~30.

La représentation graphique de ces deux corrélations l'une en fonction de l'autre montre que (figure 29), malgré la similitude des domaines d'utilisation, il existe entre elles une différence.

CHAPITRE V

Celle-ci peut être attribuée à la différence entre les deux formes géométriques considérées et aux conditions aux limites à la paroi utilisées dans chacun des deux cas.

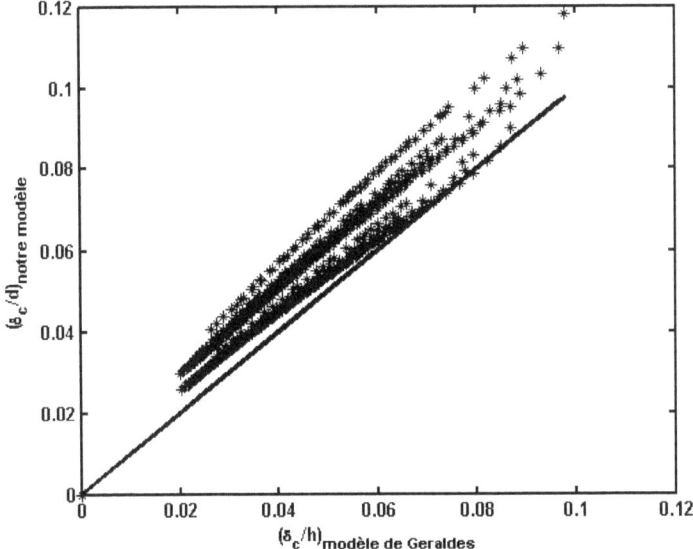

Figure 29 : Comparaison entre le modèle numérique et le model de Geraldes.

4.2.2. Effet de la polarisation de concentration sur les profils des vitesses axiale et radiale

Le champ de vitesse dans le tube est déterminé à partir des équations de Navier-Stocks. Si la paroi du tube était imperméable la composante axiale de la vitesse (Vz) serait parabolique (écoulement de Poiseuille). A la figure 30a, la courbe, en trait continue, représente le profil de la composante Vz, en fonction de r à la section z=L/d, pour un tube à paroi imperméable. Dans le cas d'un écoulement d'un fluide pur dans un tube à paroi perméable, le profil de Vz est fortement influencé par la succion à travers la paroi poreuse du tube et il est plus aplati que dans le cas d'un tube imperméable. Si le fluide est chargé de particules, le profil de Vz est légèrement aplati par rapport à celui dans le cas d'un tube imperméable à cause de la polarisation de concentration qui ajoute une résistance hydraulique à la paroi filtrante.

La figure 30b présente le profil de la composante Vr en fonction de r à la section z=L/d. Cette composante est nulle dans le cas d'un écoulement dans un tube à paroi imperméable. Dans le cas d'un tube à paroi perméable, la valeur de Vr est maximale près de la paroi. Elle est plus faible dans le cas d'un fluide chargé de particules à cause de la polarisation de concentration.

Les figures 31a-b montrent que la vitesse locale de perméation Vw décroît le long du tube. Cette décroissance est plus importante dans le cas d'un fluide chargé de particules que dans le cas d'un fluide pur. En effet la décroissante de Vw dans le cas d'un fluide pur (figure 31a) est due seulement à la décroissance de la pression transmembranaire de long du tube. Alors que cette décroissance s'accentue dans le cas d'un fluide chargé de particules (figure 31b) à cause de la polarisation de concentration.

CHAPITRE V

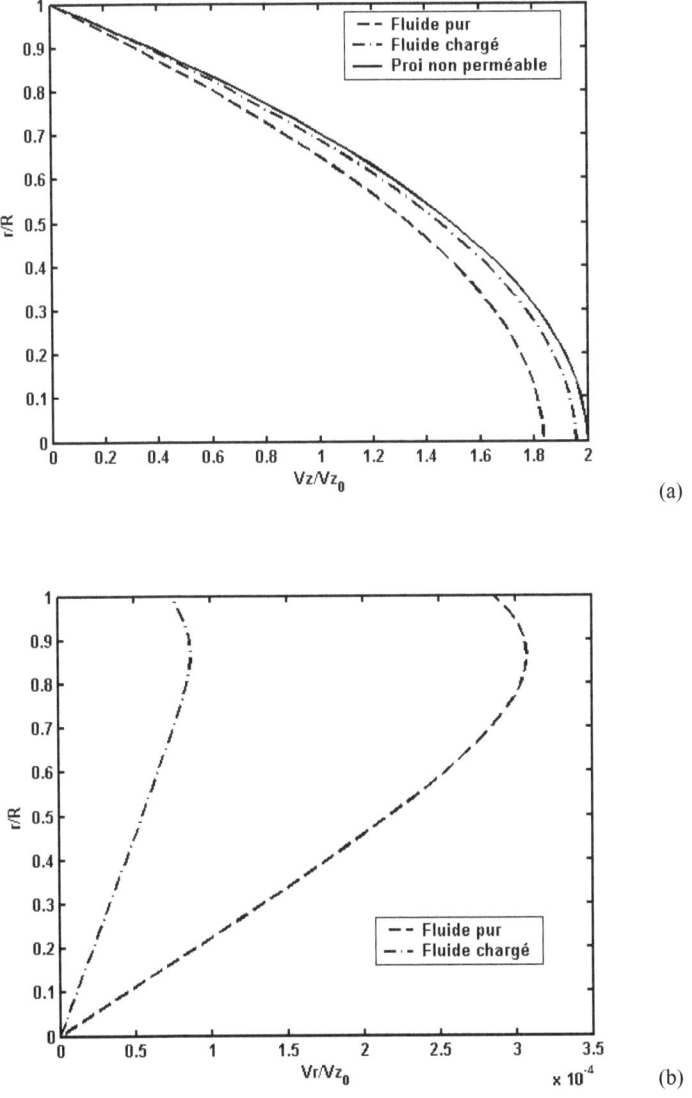

Figure 30 : Profil de la vitesse axiale (a) et profil de la vitesse radiale (b),

en fonction de r/R à z=100d.

(Paroi imperméable Re=1000 et Rew=0.0 ; Fluide pur Re=1000, Rew=0.3 ;

fluide chargé de particules Re=1000, Rew=0.3 et Sc=1000)

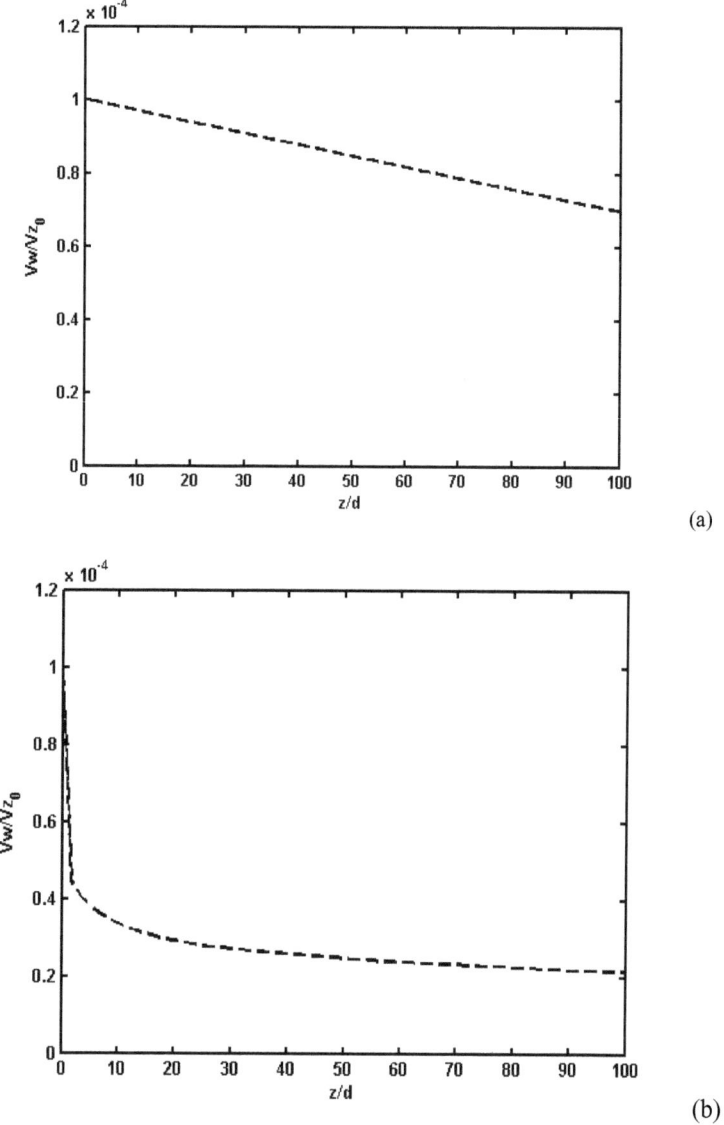

Figure 31 : Variation de la Vitesse de perméation locale

(a) Fluide pur Re=1000, Rew=0.1 ; (b) fluide chargé de particules Re=1000, Rew=0.1 et Sc=1000.

4.2.3. Nombre de Sherwood

Le nombre de Sherwood local, Sh, pour un tube à paroi poreuse perméable, est déterminé à partir de la relation 28 du chapitre IV en exploitant les résultats numériques de notre modèle. Les variations axiales de ce nombre en fonction des nombres adimensionnels Sc, Re et Rew sont tracées dans les figures 32-34.

Ces figures montrent que la variation locale du nombre de Sh en fonction de ces paramètres présente une allure équivalente qui correspond à une décroissance essentiellement importante dans les zones situées à proximité de l'entrée du tube (30*d) suivie d'un palier assez stable. Dans toutes ces figures, la valeur de Sh dépend beaucoup plus des nombres de Sc et de Rew que de Re. Ce résultat s'explique par le fait que Re traduit l'évolution d'un phénomène transversal au transfert vers la paroi.

La figure 35 représente la variation de Sh local pour un Reynolds axial donné. Les résultats montrent que l'augmentation de Sc, qui traduit la modification des propriétés du fluide, réduit la diffusion des particules de la paroi vers l'axe d'écoulement. Le transfert de matière se trouve alors dominé par la convection des particules vers la paroi sous l'influence de PTM ce qui engendre une forte évolution de Sh quand Rew croit

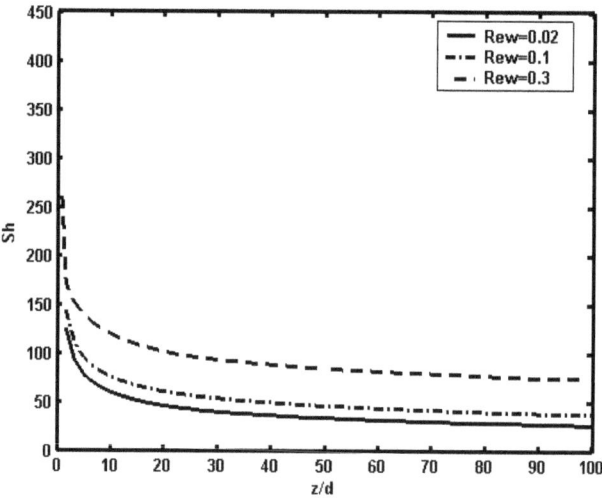

Figure 32 : Variation de Sh en fonction du nombre de Reynolds de perméation

(Sc=1000 et Re =1000).

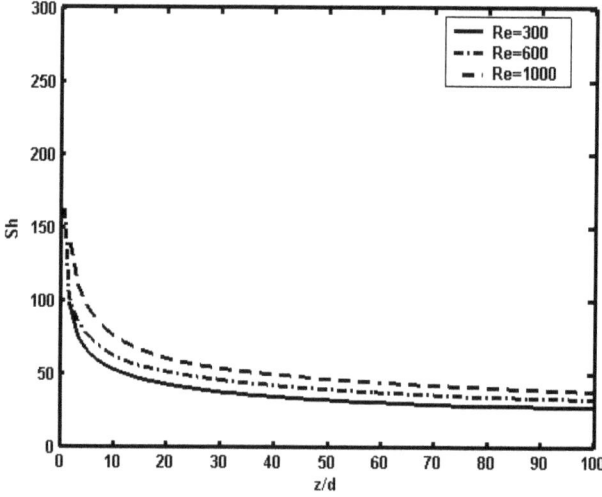

Figure 33 : Variation de Sh en fonction du nombre de Reynolds axial

(Sc=1000, Rew=0.1)

CHAPITRE V

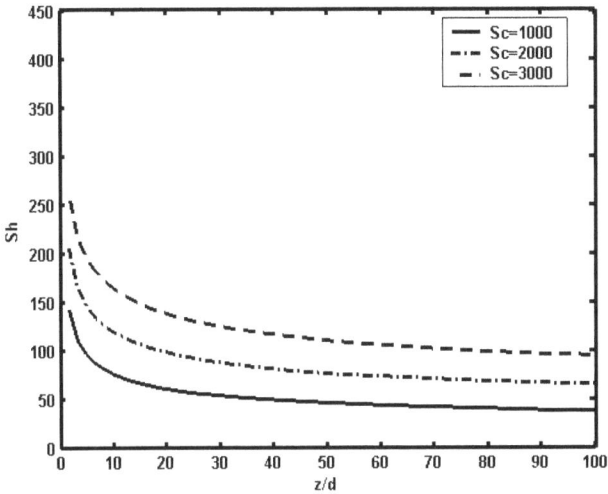

Figure 34 : Variation de Sh en fonction du nombre de Schmidt
(Re=1000 et Rew=0.1).

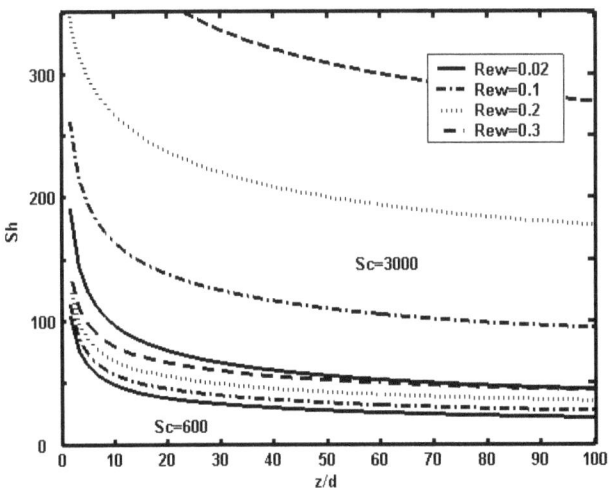

Figure 35 : Variation de Sh en fonction du nombre de Reynolds de perméation
(Re=1000).

4.2.4. Corrélation du nombre de Sherwood local

La plupart des modèles classiques utilisés pour la description du phénomène de polarisation pendant la filtration tangentielle tels que le modèle des résistances en série (Bruin et al. 1980 ; Lojkine 1992 ; Carrère 2001), le modèle de pression osmotique (Wijimans et al. 1984; Denisov 1994) et le modèle de couche de gel (Wijimans et al. 1984; Denisov 1994), exige la connaissance du coefficient de transfert de masse qui devrait être capable de représenter l'effet des conditions opératoires pour la filtration tangentielle.

La bibliographie rapporte que ce coefficient de transfert de masse est généralement calculé à partir du nombre de Sherwood lequel est obtenu par analogie au nombre de Nu de transfert de chaleur à travers les parois imperméables d'un tube. Les expressions proposées se présentent généralement sous la forme suivante (Zeman et Zydney 1996 ; Welty et all 2001 ; Mulder 1998).

$$Sh = \frac{k_c\, d}{D} = a\, Re^{\alpha}\, Sc^{\beta} \left(\frac{d}{L}\right)^{\gamma} \quad (5)$$

Dans ce travail, l'exploitation d'une telle expression est insuffisante puisque, en plus des nombres de Schmidt et de Reynolds axial, le nombre de Reynolds de perméation influe le transfert de matière. Une nouvelle expression est donc nécessaire pour tenir compte de l'ensemble des paramètres qui influencent le nombre de Sherwood. Nous avons alors exploité une forme modifiée de l'expression précédente telle que :

$$Sh = \frac{k_c\, d}{D} = a\, (\frac{d}{L} Re\, Sc)^{\alpha} * (1 + b\, Re^{\beta}\, Sc^{\gamma}\, Rew^{\lambda}) \quad (6)$$

dans laquelle la perméation du fluide à travers la membrane poreuse, représentée par Rew, apparaît comme un facteur supplémentaire qui intensifie le transfert.

CHAPITRE V

L'exploitation, des résultats numériques obtenus, par la méthode des moindres carrées, a permis de déterminer la valeur des différents coefficients a, b, α, β, γ et λ dans les domaines de variations suivants : Re=300~1000, Rew=0.02~0.3, Sc=600~3200 et z/d=5~100

$$Sh = 1.230 \ (\frac{d}{z} Re \ Sc)^{0.33} \ (1 + 0.010 \ Re^{-0.125} Sc^{1.055} \ Rew^{1.132}) \tag{5}$$

Cette nouvelle expression est validée en comparant, pour un écoulement laminaire dans un tube de diamètre d et de longueur L, les valeurs de Sherwood obtenues par ce modèle aux valeurs de Sherwood déterminées par les relations de Grober et Graetz-leveque (van den Berg, 1989) définies par:

$L < L^*$ (Grober) ; $\quad Sh = 0.664 \ (d/L)^{0.33} \ Re^{0.5} Sc^{0.33}$ \hfill (8a)

$L > L^*$ (Graetz-Leveque) ; $\quad Sh = 1.86 \ (d/L)^{0.33} \ Re^{0.33} Sc^{0.33}$ \hfill (8b)

avec $L^* / d = 0.029 \ Re$.

Les figures 36-37 montrent que l'expression proposée est équivalente à celle utilisée dans la littérature uniquement pour les cas qui correspondent à de très faibles perméations lesquelles sont traduites par de très faibles Rew. Par contre dès que Rew augmente l'écart relatif, entre les deux expressions, croit pour atteindre des valeurs d'environ 300%. Ce résultat confirme les travaux publiés par Miranda et Campos (2002), qui ont obtenu une disparité aussi importante entre Sh en système imperméable et Sh en système perméable.

Ainsi, il apparaît que, quand Rew croit, le transfert de matière vers la surface poreuse augmente et que l'intensité de ce transfert est affectée par la nature du fluide utilisée. Le coefficient de transfert de matière doit donc traduire l'ensemble de ces variations. Les

CHAPITRE V

expressions habituellement employées dans la littérature ne permettent pas de tenir compte de ce résultat. En effet, ces expressions sont généralement des équations semi-empiriques qui ne sont pas déterminées directement en se basant sur une analyse de transfert de matière mais déterminées en se basant sur une simple analogie des résultats obtenus par transfert de chaleur à travers les parois de tubes imperméables.

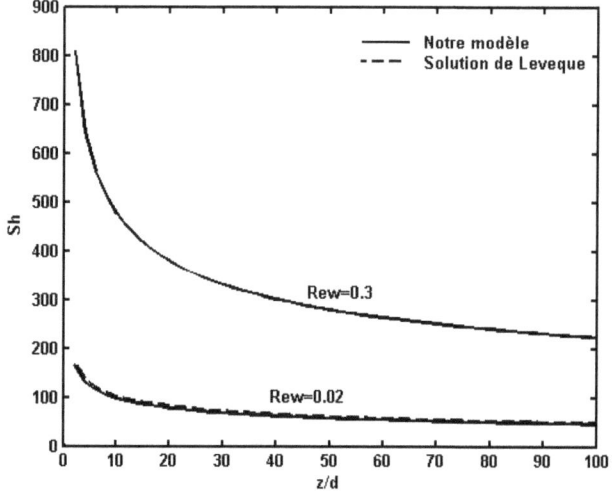

Figure 36 : Nombre de Sherwood local déterminé à partir de notre modèle et le modèle de Leveque (Sc=3000 et Re=1000).

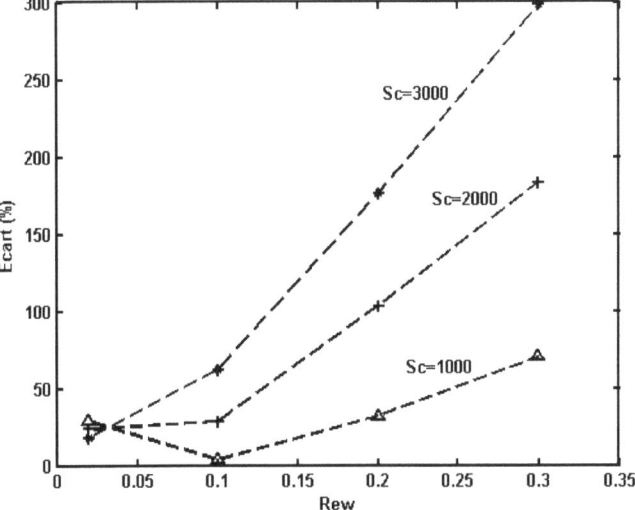

Figure 37 : Ecart relatif entre notre modèle et celui de Leveque en fonction de Rew (z=100d et Re=1000).

CHAPITRE V

5. CONCLUSION

L'étude numérique hydrodynamique de la filtration tangentielle est effectuée à partir des équations de Navier Stokes et de la loi de Darcy. Elle a permis de caractériser l'écoulement laminaire d'un fluide newtonien dans un tube à paroi poreuse perméable et de mettre en évidence l'influence des nombres de Reynolds axial et de Reynolds de perméation sur les profils des vitesses axial et radial, et sur les pertes de charge dans le tube.

Pour se rapprocher de la réalité des phénomènes qui se reproduisent lors de la filtration tangentielle l'étude a été poursuivie en introduisant l'équation de transfert de masse afin de prendre en considération la formation d'une couche de dépôt de particules sur la paroi poreuse. La principale conséquence de cette couche est la non uniformité de la vitesse de perméation. L'influence des divers nombres adimensionnels sur l'épaisseur de la couche de dépôt a été étudiée et en particulier l'influence du nombre de Reynolds de perméation. En exploitant les résultats numériques obtenus, par la méthode des moindres carrés, une corrélation exprimant la variation de l'épaisseur locale de la couche limite de concentration a été développée.

Le travail a été poursuivi pour proposer une nouvelle corrélation pour la détermination du coefficient de transfert de matière local sous forme de nombre de Sherwood. La confrontation de la nouvelle corrélation avec les expressions habituellement employées a montré sa meilleure sensibilité à la variation des divers paramètres étudiés.

CONCLUSION GENERALE

Conclusion Générale

La caractérisation du champ hydrodynamique et du champ de concentration, dans un tube à paroi poreuse soumis à une aspiration pariétale, est établie à l'aide d'un modèle physique traduisant les transferts simultanés d'impulsion et de matière en supposant un écoulement laminaire en régime permanent et une suspension assimilé à un fluide newtonien incompressible. Les forces de volume sont négligeables. Le coefficient de diffusion de matière est supposé constant.

Cette caractérisation se base sur la résolution des équations de Navier-Stocks, qui caractérisent l'écoulement libre dans le tube, et la loi de Darcy qui traduit l'écoulement à la paroi poreuse. L'analyse dimensionnelle des équations de transfert a permis d'apparaître trois paramètres adimensionnels qui sont le nombre de Reynolds axial (Re), le nombre de Reynolds de perméation (Rew) et le nombre de Schmidt (Sc).

Nous avons mis au point un code de calcul, développé sous environnement Matlab, basé sur une méthode aux différences finies. Ce code permet la détermination des profils des champs de vitesse, de pression et de concentration. Il est composé principalement de trois parties permettant la saisie des données, la résolution des équations considérées et l'affichage des résultats.

Ce code est validé en effectuant deux tests, le premier consiste à retrouver numériquement les résultés analytiques d'un écoulement de Poiseuille dans in tube lisse, le recouvrement entre les résultats numériques et analytiques est parfait. Le deuxième test se refaire à des résultats expérimentaux déterminés par Gouverneur (1991) pour une vitesse de perméation non nulle. Dans ce cas l'erreur entre les résultats expérimentaux et numériques est inférieure à 1%.

Conclusion Générale

Nous avons alors exploité le code du calcul pour étudier l'écoulement dans un tube à paroi poreuse d'un fluide pur et d'un fluide chargé de particules.

La première étude a permis de mettre en évidence l'influence des nombres de Reynolds axial et de Reynolds de perméation sur les profils des vitesses axiale et radiale, et sur les pertes de charge dans le tube.

La seconde étude introduit l'équation de convection-diffusion de la matière. Elle prend en considération la formation d'une couche de dépôt de particules sur la paroi poreuse, pour se rapprocher de la réalité des phénomènes qui se reproduisent lors de la filtration tangentielle. La principale conséquence de la formation de cette couche est la non uniformité de la vitesse de perméation. L'étude montre l'influence des divers nombres adimensionnels sur l'épaisseur de la couche de dépôt, en particulier l'influence du nombre de Reynolds de perméation. Les résultats numériques ont été corrélés sous forme d'une équation, qui exprime l'évolution relative de l'épaisseur de la couche limite de concentration, en utilisant la méthode des moindres carrées :

$$\delta_c/d = 2 \left(\frac{z}{d}\right)^{0.33} (Re\,Sc)^{-0.33} Rew^{-0.3} \left(1 - 0.4377\ Sc^{-0.0018}\ Rew^{-0.1551}\right)$$

pour Re=300~1000, Rew=0.02~0.3 et Sc=600~3200 et z/d=0~100,

et sous la forme d'une équation qui montre la variation locale du nombre de Sherwood :

$$Sh = 1.230\ (\frac{d}{z}\,Re\,Sc)^{0.33}\ (1 + 0.010\ Re^{-0.125} Sc^{1.055}\ Rew^{1.132})$$

pour Re=300~1000, Rew=0.02~0.3 et Sc=600~3200 et z/d=5~100.

Conclusion Générale

Notre travail est une contribution à l'étude hydrodynamique et à l'étude du dépôt des particules, qui se forme à la surface perméable d'un tube de filtration tangentielle, en supposant que la porosité de ce dépôt constante. Il convient d'élargir cette étude pour examiner les mêmes évolutions en supposant un dépôt compressible et de tenir compte de la porosité locale de ce dépôt.

NOMENCLATURES

Nomenclatures

SYMBOLES

a_p	diamètre moyenne des particules
C	concentration (kg/m^3)
C_0	concentration initiale (kg/m^3)
C_w	concentration à la surface perméable (kg/m^3)
D	coefficient de diffusion de masse
d	diamètre intérieur du tube à paroi poreuse (m)
e	épaisseur de la membrane (m)
E	paramètre de forme
L	longueur du tube à paroi poreuse (m)
P	pression (Pa)
P_0	pression à l'entré du tube à paroi poreuse (Pa)
r	coordonné radiale (m)
R	rayon intérieur du tube à paroi poreuse (m)
Vmax	maximum local de la vitesse axiale (m s^{-1})
Vr	vitesse radiale (m s^{-1})
Vw	vitesse locale de perméation (m s^{-1})
Vw_0	vitesse de perméation à l'entré du tube (m s^{-1})
Vz	vitesse axiale (m/s)
Vz_0	vitesse axiale moyenne à l'entré du tube (m s^{-1})
z	coordonné axial (m)

LETTRES GREC

κ   perméabilité (m^2)

ρ   densité du fluide (kg m^{-3})

μ   viscosité du fluide (Pa s)

ε_c porosité de la couche limite de concentration (-)

δ_c épaisseur de la couche limite de concentration (m)

Δr   pas de discrétisation dans la direction radiale (-)

Δz   pas de discrétisation dans la direction axiale (-)

NOMBRES SANS DIMENSION

Re   nombre de Reynolds axial

Rew   nombre de Reynolds de perméation

Sc   nombre de Schmidt

Sh   nombre de Sherwood

PUISSANCES ET INDICES

*   variable sans dimension

w   surface poreuse

0   valeur définie à l'entré du tube

__REFERENCES BIBLIOGRAPHIQUES__

Références Bibliographiques

Bear J., 1972, Dynamics of fluids in porous media, New York.

Beavers G.S. et Joseph D.D., J. Fluid Mechanics, 30 (1967) 197-207.

Belfort G. et Nagata N., Fluid mechanics and cross-flow filtration: some thoughts, Membrane technology 1985, Tylosand, Sweden, May 28-30 (1985)

Berman A.S., Laminar flow in channels with porous walls, J. Applied Physics, 24 (9) (1953) 1232-1235.

Bernada P., Détermination du champ hydrodynamique dans un tube poreux avec transfert de masse pariétal: application à la microfiltration tangentielle dans une fibre creuse, Note Interne IMFT, (1990).

Bhattacharya S. et Hwang S., Concentration polarization - separation factor and Peclet number in membrane processes, Journal of Membrane Science, 132 (1997) 73-90.

Blatt W.F., Dravid A., Michaels A.S. et Nelsen L., Solute polarization and cake formation in membrane ultrafiltration: Causes, consequences, and control techniques, Membrane Science and Technology, Plenum Press, New York, (1970) 47-97.

Brady J.F., Flow development in a porous channel and tube, Physics of fluids, 27 (5) (1984) 1061-1067.

Bruin S., Kikkert A., Weldring J.A.G. et Hiddink J., Overview of concentration polarization in ultrafiltration, Desalination, 35 (1980) 223-242.

Bundy R.D. et Weissberg H.L., Experimental study of fully developed laminar flow in a porous pipe with wall injection, Phys. Fluids, 13 (1970) 2613-2615.

Carrère H., Baszkow F. et Balmann H.D., Modelling the clarification of lactic acid fermentation broths by cross-flow microfiltration, Journal of Membrane Science, 186 (2001) 219-230

Chatterjee S.G. et Belfort G., 1986, Fluid flow in an idealized spiral wound membrane module, Journal of Membrane Science, 28 (1986) 191-208.

Références Bibliographiques

Damak K., Ayadi A., Zeghmati B. et Schmitz P., A new model of combined Navier-Stokes and Darcy's law for fluid flow in crossflow filtration tubular membrane, Desalination, 161 (1) (2004) 67-77.

David C., 1991, La Perméabilité et la Conductivité Electrique des Roches dans la Croûte : Expériences en Laboratoire et Modèles Théoriques, thèse, Université Louis Pasteur, Strasbourg, (1991).

de Marsily G., Hydrogéologie quantitative, Masson, Paris (1981).

Denisov A., Theory of concentration in cross-flow ultrafiltration: gel-polarization model and osmotic-pressure model, Journal of Membrane Science, 91 (1994) 173-187.

Freeze A.R. & Cherry J.A., Groundwater (1979).

Geraldes V., Semiao V. et de Pinho M.N., Flow and mass transfer modeling of nanofiltration, Journal of Membrane Science, 191 (2001) 109-128.

Geraldes V., Semiao V. et de Pinho M.N., The effect on mass transfer of momentum and concentration boundary layers at the entrance region of a slit with a nanofiltartion membrane wall, Chemical Engineering Science, 57 (2002) 735-748.

Gouverneur C., Thèse de Doctorat, Institut National Polytechnique de Toulouse (1991).

Granger J., Thèse de Doctorat de l'Institut National Polytechnique de Nancy (1986).

Huang L. et Morrissey M. T., Finite element analysis as a tool for crossflow membrane filter simulation, Journal of Membrane Science, 155 (1999) 19-30.

Ilias S. et Govind R., Fluid dynamics of dilute suspensions and fouling of tubular membrane modules, Journal of Membrane Science, 39 (1988) 125-141.

Jain S.C. et Chen B.H., Concentration distribution in laminar pipe flow with distorted velocity profiles, The Canadian Journal of Chemical Engineering, 59 (1981).

KU J. et Leidenfrost W., Laminar flow in a porous tube With uniform mass injection, part II : experimental studies, Ingenieur-Archiv, 51 (1981) 127-138.

Références Bibliographiques

Lee Y. et Clark M.M., A numerical model of steady state permeate flux during cross-flow ultrafiltration, Desalination, 109 (1997) 241-251.

Lee Y. et Clark M.M., Modeling of flux decline during crossflow ultrafiltration of colloidal suspensions, Journal of Membrane Science, 149 (1998) 181-202.

Lojkine M.H., Field R.W. et Howell J.A., Crossflow microfiltration of cell suspensions: a review of model with emphasis on particle size effects, TransIChemE, 70 (1992) 149-163.

Mauran S., Rigaud L. et Coudevylle, Application of the Carman-Kozeny correlation, Transport in Porous Media, 43 (2001) 355-376.

Miranda J.M. et Campos B.L.M. Campos, An improved numerical scheme to study mass transfer over a separation membrane, Journal of Membrane Science, 188 (2001) 49-59.

Miranda, J.M. et Campos, J.B.L.M., Mass transfer in the vicinity of separation membrane - the applicability of the stagnant film theory, Journal of Membrane Science, 202 (2002) 137-150.

Mokheimer Esmail M.A., Spreadsheet numerical simulation for developing laminar free convection between vertical parallel plates, Computer methods in applied mechanics and enginnering, 178 (1999) 393-412.

Mulder M., Basic Principles of membrane technology, Kluwer Academic Publishers, London (1998).

Nassehi V., Modelling of combined Navier-Stokes and Darcy flows in crossflow membrane filtration, Chemical Engineering Science, 53 (1998) 1253-1265.

Quaile J.P. et Levy E.K., Laminar flow in a porous tube with suction, J. Heat Transfer, Feb. (1975) 66-71.

Quaile J.P. et Levy E.K., 1972, Pressure variation in an incompressible laminar tube flow with uniform suction, AIAA Paper, 72 (1972) 257.

Raithby G.D. et Knudsen D.C., Hydrodynamic development in a duct with suction and blowing, J. of Applied Mech., Dec (1974) 896-902.

Références Bibliographiques

Richardson C.J. et Nassehi V., Finite element modelling of concentration profiles in flow domains with curved porous boundaries, Chemical Engineering Science 58 (2003) 2491-2503.

Ripperger S. et Altmann J., Crossflow microfiltration – state of the art, Separation and Purification Technology, 26 (2002) 19-31.

Paris J., Guichardon P. et Charbit F., Transport phenomena in ultrafiltration: a new two-dimensional model compared with classical models, Journal of Membrane Science, 207 (2002) 43-58.

Schmitz P., Mécanisme d'interaction hydrodynamique et agrégation dans la formation du dépôt de filtration Tangentielle, Thèse de l'Institut National Polytechnique de Toulouse, 1990.

Schmitz P. et Prat M., 3-D Lamina stationary flow over a porous surface with suction: Description at pore level, AIChE Journal, 41 (1995) 2212-2226.

Sherwood T. K., Pigford R. L. et Wilke C. R., Mass transfer, McGraw-Hill New York (1975).

Sibony M. et Cl Mardon J., Analyse numérique I Système linéaires et non linéaires, Herman Paris (1988).

Singh R. et Laurence R.L., Influence of slip velocity at a membrane surface on ultrafiltration performance II-Tube flow system, Int. J. Heat Mass Transfer, 12 (1979) 731.

Song L. et Elimelech M., Particle deposition onto a permeable surface in laminar flow, Journal of Colloid and Interface Science, 173 (1995) 165-180.

Tanahashi T., Kawai H., Masuzawa J., Sawada T. et Ando T., Flow of the entrance region in a porous pipe (3rd Report: Transient Flow), Bull. JSME, 25 (1982) 1070.

Wang G., Deng X. et Guidoin R., Concentration polarization of macromolecules in canine carotid arteries and its implication for the localization of atherogenesis, 36 (2003) 45-51.

Weissberg H., Laminar flow in the entrance region of a porous pipe, Phys. Fluids, 2 (1959) 510.

Références Bibliographiques

Welty J.R., Wicks C.E., Wilson R.E et Rorrer G, Fundamentals of momentum heat and mass transfer, John Weley & Sons Inc, New York (2001).

Wijimans G., Nakao S. et Smolders C.A., Flux limiutation in ultrafiltration: osmotic pressure model and gel layer model, Journal of Membrane Science, 47 (1984) 115-124.

Yuan S.W. et Finkelstein A.B., Laminar flow with injection and suction through a porous wall, Trans ASME, 78 (1956) 719-724.

Zeman L. J. et Zydney A. L., Microfiltration and ultrafiltration – Principles and Applications, Marcel Dekker Inc, New York (1996).

Oui, je veux morebooks!

i want morebooks!

Buy your books fast and straightforward online - at one of world's fastest growing online book stores! Environmentally sound due to Print-on-Demand technologies.

Buy your books online at
www.get-morebooks.com

Achetez vos livres en ligne, vite et bien, sur l'une des librairies en ligne les plus performantes au monde!
En protégeant nos ressources et notre environnement grâce à l'impression à la demande.

La librairie en ligne pour acheter plus vite
www.morebooks.fr

VDM Verlagsservicegesellschaft mbH
Heinrich-Böcking-Str. 6-8   Telefon: +49 681 3720 174   info@vdm-vsg.de
D - 66121 Saarbrücken   Telefax: +49 681 3720 1749 www.vdm-vsg.de

Printed by Books on Demand GmbH, Norderstedt / Germany